非固化橡胶沥青防水涂料

沈春林◎主编

中国建材工业出版社

图书在版编目（CIP）数据

非固化橡胶沥青防水涂料／沈春林主编 . —北京：
中国建材工业出版社，2017.4
　ISBN 978-7-5160-1784-5

　Ⅰ. ①非… Ⅱ. ①沈… Ⅲ. ①橡胶沥青－防水材料－
建筑涂料 Ⅳ. ①TU56

　中国版本图书馆 CIP 数据核字（2017）第 031675 号

内 容 简 介

　　非固化橡胶沥青防水涂料是以橡胶、沥青为主要成分，加入助剂等材料，混合制成的有蠕变和自粘特性，并具有防水、粘结、密封、注浆浆料性能的一类防水涂料。常温条件下，在设计使用年限内能保持为黏性膏状体，可采用喷涂、刮涂、注浆等工艺进行施工，广泛应用于非外露建筑防水工程。

　　本书共分 7 章，主要内容为非固化橡胶沥青防水涂料的定义、性能要求和特点，组成材料，配方设计和生产，检测规则和试验方法，防水层的设计，防水层的施工，以及最新的水性非固化橡胶沥青防水涂料的开发和应用技术。

　　全书内容新颖、全面、系统，可操作性强，可供建筑防水涂料配方设计、生产、检测等相关科技人员以及建筑防水工程的设计和施工的相关工程技术人员学习参考。

非固化橡胶沥青防水涂料

沈春林　主编

出版发行：中国建材工业出版社
地　　址：北京市海淀区三里河路 1 号
邮　　编：100044
经　　销：全国各地新华书店
印　　刷：北京雁林吉兆印刷有限公司
开　　本：889mm×1194mm　1/16
印　　张：14　彩插：0.5 印张
字　　数：350 千字
版　　次：2017 年 4 月第 1 版
印　　次：2017 年 4 月第 1 次
定　　价：58.80 元

本社网址：www.jccbs.com　　微信公众号：zgjcgycbs
本书如出现印装质量问题，由我社市场营销部负责调换。联系电话：(010)88386906

《非固化橡胶沥青防水涂料》编写人员名单

主　　编：沈春林

副 主 编：高　岩　　褚建军　　杜　昕　　冯　永　　陈森森

　　　　　董大伟　　文　忠　　李　崇　　郑凤礼　　蔡京福

　　　　　苏立荣　　李　芳

编　　委：王玉峰　　康杰分　　杨炳元　　孙庆生　　宫　安

　　　　　刘国宁　　项晓睿　　胡小龙　　姜　伟　　于永江

　　　　　张　军　　冯　强　　周　斌　　宋　波　　李金路

　　　　　李俊川　　徐长福　　马　静　　王立国　　张　梅

　　　　　俞岳峰　　岑　英　　薛玉梅　　程文涛　　季静静

　　　　　邵增峰　　卫向阳　　徐海鹰　　周建国　　刘振平

　　　　　刘少东　　吴　冬　　王福州　　赖伟彬　　丁培祥

　　　　　边国强　　高金锤　　任　强　　朱清岩　　李俊庙

　　　　　余国根　　毛瑞定　　邱钰明　　张吉栋　　李　旻

　　　　　孙　锐　　郑贤国　　朗柠隆　　谭建国

非固化橡胶沥青防水涂料是以橡胶、沥青为主要成分，加入助剂等材料，混合制成的有蠕变和自粘的特性，并具有防水、粘结、密封、注浆浆料性能的一类防水涂料。常温条件下，在设计使用年限内能保持为黏性膏状体，可采用喷涂、刮涂、注浆等工艺进行施工，广泛应用于非外露建筑防水工程。

非固化橡胶沥青防水涂料是近十年发展起来的一种新型防水材料，也是近几十年来新型防水材料发展最快的产品之一，其优异的特性已越来越引起建筑防水行业的重视、开发和应用。

为了适应建筑防水行业对非固化橡胶沥青防水涂料的需求，我们依据近年来国内外专家对非固化橡胶沥青防水涂料的研究成果，以及自己在实际工作中对这一产品的研制开发的收获，编写了《非固化橡胶沥青防水涂料》一书，就非固化橡胶沥青防水涂料的定义、技术性能要求和特点、发展历程，产品的各组成部分和机理，配方设计的主要内容、基本原则及举例、方法，生产工艺和生产设备，产品各项性能指标的检测规则和试验方法，产品的应用范围、防水层的设计和施工要点，防水层的施工设备，防水层的质量验收等作了全面、详细的论述。本书内容系统、全面、翔实、新颖、实用，可供非固化橡胶沥青防水涂料产品的设计、生产、检验、防水工程的设计与施工的工程技术人员、管理人员参考。

笔者在编写本书的过程中，参考了众多学者的专著和论述、相关的标准资料、文献资料和产品资料、相关内容的网络文献资料，同时还得到了很多单位和同仁的支持和帮助，在此致以诚挚的谢意。

本书由沈春林、高岩、褚建军、杜昕、冯永、陈森森、董大伟、文忠、李崇、郑凤礼、蔡京福、苏立荣、李芳等同志合作编写，并由中国硅酸盐学会房建材料分会防水材料专业委员会主任、苏州中材非矿院有限公司防水材料设计研究所所长、教授级高级工程师沈春林同志任主编定稿完成。

由于笔者所掌握的资料和信息不够全面，并且水平有限，书中难免存在一些不足之处，敬请读者批评指正。

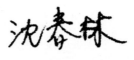

2017.3

CONTENTS ···

目 录

Chapter **03** 第3章 非固化橡胶沥青防水涂料的配方设计与生产 ·········· **61**

Chapter **04** 第4章 非固化橡胶沥青防水涂料的检测规则和试验方法 ············ **85**

Chapter **05** 第5章 非固化橡胶沥青防水涂料防水层的设计 ········· **101**

Chapter **06** 第6章 **非固化橡胶沥青防水涂料防水层的施工** ········· **147**

Chapter **07** 第7章 **水性非固化橡胶沥青防水涂料** ············· **181**

Chapter 01

第 1 章

概 述

　　建筑防水工程是建筑工程中的一个重要组成部分，是保证建筑物和构筑物不受水侵蚀、内部空间不受危害的一项专门措施。建筑防水工程的质量，在很大程度上取决于防水材料的性能和质量，建筑防水材料的质量和合理使用是防止建筑物浸水和渗漏的发生、确保其使用功能和使用寿命的重要环节。由此可见，新型防水材料的开发是至关重要的。

　　建筑防水材料是指应用于建筑物和构筑物中，起着防潮、防漏、保护建筑物和构筑物及其构件不受水侵蚀破坏的一类建筑材料。依据建筑防水材料的外观形态和材性，一般将其分为建筑防水卷材、建筑防水涂料、建筑防水密封材料以及刚性防水和堵漏材料等四大系列，其中建筑防水涂料在建筑防水材料中占有极其重要的地位。

1.1

建筑防水涂料

1.1.1　涂料、建筑涂料以及建筑防水涂料的概念和分类

1. 涂料的概念和分类

　　涂料是一种呈现流动状态或可液化之固体、粉末状态或原浆状态的，能均匀涂覆并且能牢固地附着在被涂物体的表面，并对被涂物体起到装饰作用、保护作用及特殊作用或几种作用兼而有之的成膜物质。

　　我国已发布了国家标准GB/T 2705—2003《涂料产品分类和命名》。该标准提出了两种分类方法：一是以涂料产品的用途为主线，并辅以主要成膜物质；二是以主要成膜物质为基础，适当辅以产品主要用途并将建筑涂料重点突出。

　　分类方法一：首先将涂料产品以其用途为依据分为建筑涂料、工业涂料、通用涂料及辅助材料等三大类，然后进一步依据主要产品类型进行分类，再将各类型产品按主要成膜物质进行细分。详见表1-1。

分类方法二：首先将涂料产品以其用途为依据分为建筑涂料、其他涂料及辅助材料，然后除建筑涂料外，将其他涂料及辅助材料按主要成膜物质类型分为16大类及辅助材料，再将16大类涂料及辅助材料按产品类型进行细分。详见表1-2（表1-2-1～表1-2-3）。

表1-1 分类方法一

		主要产品类型	主要成膜物类型
建筑涂料	墙面涂料	合成树脂乳液内墙涂料 合成树脂乳液外墙涂料 溶剂型外墙涂料 其他墙面涂料	丙烯酸酯类及其改性共聚乳液；醋酸乙烯及其改性共聚乳液；聚氨酯、氟碳等树脂；无机粘合剂等
	防水涂料	溶剂型树脂防水涂料 聚合物乳液防水涂料 其他防水涂料	EVA、丙烯酸酯类乳液；聚氨酯、沥青、PVC胶泥或油膏、聚丁二烯等树脂
	地坪涂料	水泥基等非木质地面用涂料	聚氨酯、环氧等树脂
	功能性建筑涂料	防火涂料 防霉（藻）涂料 保温隔热涂料 其他功能性建筑涂料	聚氨酯、环氧、丙烯酸酯类、乙烯类、氟碳等树脂
工业涂料	汽车涂料（含摩托车涂料）	汽车底漆（电泳漆） 汽车中涂漆 汽车面漆 汽车罩光漆 汽车修补漆 其他汽车专用漆	丙烯酸酯类、聚酯、聚氨酯、醇酸、环氧、氨基、硝基、PVC等树脂
	木器涂料	溶剂型木器涂料 水性木器涂料 光固化木器涂料 其他木器涂料	聚酯、聚氨酯、丙烯酸酯类、醇酸、硝基、氨基、酚醛、虫胶等树脂
	铁路、公路涂料	铁路车辆涂料 道路标志涂料 其他铁路、公路设施用涂料	丙烯酸酯类、聚氨酯、环氧、醇酸、乙烯类等树脂
	轻工涂料	自行车涂料 家用电器涂料 仪器、仪表涂料 塑料涂料 纸张涂料 其他轻工专用涂料	聚氨酯、聚酯、醇酸、丙烯酸酯类、环氧、酚醛、氨基、乙烯类等树脂
	船舶涂料	船壳及上层建筑物漆 船底防锈漆 船底防污漆 水线漆 甲板漆 其他船舶漆	聚氨酯、醇酸、丙烯酸酯类、环氧、乙烯类、酚醛、氯化橡胶、沥青等树脂

续表

	主要产品类型		主要成膜物类型
工业涂料	防腐涂料	桥梁涂料 集装箱涂料 专用埋地管道及设施涂料 耐高温涂料 其他防腐涂料	聚氨酯、丙烯酸酯类、环氧、醇酸、酚醛、氯化橡胶、乙烯类、沥青、有机硅、氟碳等树脂
	其他专用涂料	卷材涂料 绝缘涂料 机床、农机、工程机械等涂料 航空、航天涂料 军用器械涂料 电子元器件涂料 以上未涵盖的其他专用涂料	聚酯、聚氨酯、环氧、丙烯酸酯类、醇酸、乙烯类、氨基、有机硅、氟碳、酚醛、硝基等树脂
通用涂料及辅助材料	调合漆 清漆 磁漆 底漆 腻子 稀释剂 防潮剂 催干剂 脱漆剂 固化剂 其他通用涂料及辅助材料	以上未涵盖的无明确应用领域的涂料产品	改性油脂；天然树脂；酚醛、沥青、醇酸等树脂

注：主要成膜物类型中树脂类型包括水性、溶剂型、无溶剂型、固体粉末等。

摘自 GB/T 2705—2003

表 1-2　分类方法二

表 1-2-1　建筑涂料

	主要产品类型		主要成膜物类型
建筑涂料	墙面涂料	合成树脂乳液内墙涂料 合成树脂乳液外墙涂料 溶剂型外墙涂料 其他墙面涂料	丙烯酸酯类及其改性共聚乳液；醋酸乙烯及其改性共聚乳液；聚氨酯、氟碳等树脂；无机粘合剂等
	防水涂料	溶剂型树脂防水涂料 聚合物乳液防水涂料 其他防水涂料	EVA、丙烯酸酯类乳液；聚氨酯、沥青、PVC 胶泥或油膏、聚丁二烯等树脂
	地坪涂料	水泥基等非本质地面用涂料	聚氨酯、环氧等树脂
	功能性建筑涂料	防水涂料 防毒（藻）涂料 保温隔热涂料 其他功能性建筑涂料	聚氨酯、环氧、丙烯酸酯类、乙烯类、氟碳等树脂

注：主要成膜物类型中树脂类型包括水性、溶剂型、无溶剂型等。

表 1-2-2　其他涂料

主要成膜物类型		主要产品类型
油脂漆类	天然植物油、动物油（脂）、合成油等	清油、厚漆、调合漆、防锈漆、其他油脂漆
天然树脂[a] 漆类	松香、虫胶、乳酪素、动物胶及其衍生物等	清漆、调合漆、磁漆、底漆、绝缘漆、生漆、其他天然树脂漆
酚醛树脂漆类	酚醛树脂、改性酚醛树脂等	清漆、调合漆、磁漆、底漆、绝缘漆、船舶漆、防锈漆、耐热漆、黑板漆、防腐漆、其他酚醛树脂漆
沥青漆类	天然沥青、（煤）焦油沥青、石油沥青等	清漆、磁漆、底漆、绝缘漆、防污漆、船舶漆、耐酸漆、防腐漆、锅炉漆、其他沥青漆
醇酸树脂漆类	甘油醇酸树脂、季戊四醇醇酸树脂、其他醇类的醇酸树脂、改性醇酸树脂等	清漆、调合漆、磁漆、底漆、绝缘漆、船舶漆、防锈漆、汽车漆、木器漆、其他醇酸树脂漆
氨基树脂漆类	三聚氰胺甲醛树脂、脲（甲）醛树脂及其改性树脂等	清漆、磁漆、绝缘漆、美术漆、闪光漆、汽车漆、其他氨基树脂漆
过氯乙烯树脂漆类	过氯乙烯树脂等	清漆、磁漆、机床漆、防腐漆、可剥漆、胶漆、其他过氯乙烯树脂漆
硝基漆类	硝基纤维素（酯）等	清漆、磁漆、铅笔漆、木器漆、汽车修补漆、其他硝基漆
烯类树脂漆类	聚二乙烯乙炔树脂、聚多烯树脂、氯乙烯酸酸乙烯共聚物、聚乙烯醇缩醛树脂、聚苯乙烯树脂、含氟树脂、氯化聚丙烯树脂、石油树脂等	聚乙烯醇缩醛树脂漆、氯化聚烯烃树脂漆、其他烯类树脂漆
丙类酸酯类树脂漆类	热塑性丙烯酸酯类树脂、热固性丙烯酸酯类树脂等	清漆、透明漆、磁漆、汽车漆、工程机械漆、摩托车漆、家电漆、塑料漆、标志漆、电泳漆、乳胶漆、木器漆、汽车修补漆、粉末涂料、船舶漆、绝缘漆、其他丙烯酸酯类树脂漆
聚酯树脂漆类	饱和聚酯树脂、不饱和聚酯树脂等	粉末涂料、卷材涂料、木器漆、防锈漆、绝缘漆、其他聚酯树脂漆
环氧树脂漆类	环氧树脂、环氧酯、改性环氧树脂等	底漆、电泳漆、光固化漆、船舶漆、绝缘漆、划线漆、罐头漆、粉末涂料、其他环氧树脂漆
聚氨酯树脂漆类	聚氨（基甲酸）酯树脂等	清漆、磁漆、木器漆、汽车漆、防腐漆、飞机蒙皮漆、车皮漆、船舶漆、绝缘漆、其他聚氨酯树脂漆
元素有机漆类	有机硅、氟碳树脂等	耐热漆、绝缘漆、电阻漆、防腐漆、其他元素有机漆
橡胶漆类	氯化橡胶、环化橡胶、氯丁橡胶、氯化氯丁橡胶、丁苯橡胶、氯磺化聚乙烯橡胶等	清漆、磁漆、底漆、船舶漆、防腐漆、防火漆、划线漆、可剥漆、其他橡胶漆
其他成膜物类涂料	无机高分子材料、聚酰亚胺树脂、二甲苯树脂等以上未包括的主要成膜材料	

注：主要成膜物类型中树脂类型包括水性、溶剂型、无溶剂型、固体粉末等。

a　包括直接来自天然资源的物质及其经过加工处理后的物质。

摘自 GB/T 2705—2003

表 1-2-3　辅助材料

主要品种	
稀释剂	脱漆剂
防潮剂	固化剂
催干剂	其他辅助材料

2. 建筑涂料的概念和分类

建筑涂料是按涂料的用途进行分类得出的一个类别。建筑涂料是指涂覆于建筑构件的表面，并能与构件的表面材料很好地粘结，形成完整的保护膜的一种成膜物质。涂料在建筑构件的表面形成薄膜称之为涂膜，也称之为涂层。

人们一般将用于建筑物内外墙体、顶棚、地面、屋面等处的涂料称为建筑涂料，其实凡应用建筑物所有部位的木质、金属、塑料等构件的涂料都应列入建筑涂料的范畴。

我国建筑涂料的品种和类别还没有统一的分类方法，因此除了参照国家标准 GB/T 2705—2003《涂料产品分类和命名》外，通常仍采用习惯上的分类方法。

建筑涂料的分类方法参见表 1-3。

表 1-3　建筑涂料的分类方法

序号	分类方法	涂料产品类别
1	按照建筑涂料的形态分类	（1）液态涂料；（2）粉末涂料
2	按照主要成膜物质的性质分类	（1）有机系涂料；（2）无机系涂料；（3）有机-无机复合系涂料
3	按照涂膜的状态分类	（1）平面涂料；（2）彩砂涂料；（3）复层涂料
4	按照建筑物的使用部位分类	（1）外墙涂料；（2）内墙涂料；（3）顶棚涂料；（4）地面涂料；（5）屋面涂料
5	按照涂膜的性能分类	（1）防水涂料；（2）防火涂料；（3）防腐涂料；（4）防霉涂料；（5）防虫涂料；（6）防锈涂料；（7）防结露涂料

3. 建筑防水涂料的概念和分类

建筑防水涂料简称为防水涂料。防水涂料一般是由沥青、合成高分子聚合物、合成高分子聚合物与沥青、合成高分子聚合物与水泥或以无机复合材料等为主要成膜物质，掺入适量的颜料、助剂、溶剂等加工制成的溶剂型、水乳型或反应型的，在常温下呈无固定形状的黏稠状液态或可液化之固体粉末状态的高分子合成材料，是单独或与胎体增强材料复合，分层涂刷或喷涂在需要进行防水处理的基层表面上，通过溶剂的挥发或水分的蒸发或反应固化后可形成一个连续、无缝、整体的，且具有一定厚度的、坚韧的、能满足工业与民用建筑的屋面、地下室、厕浴厨房间以及外墙等部位的防水渗漏要求的一类材料的总称。

建筑防水涂料是建筑涂料的一个分支，其分类参见图 1-1。建筑防水涂料按其主要组成材料可分为沥青类、高聚物改性沥青类（亦称橡胶沥青类）、合成高分子类（又可再分为合成树脂类和合成橡胶类）、无机类、聚合物水泥类等五大类。按其涂料成膜形式的不同可分为固化类和非固化类两大类；按涂料状态与形式的不同，大致又可以分为溶剂型、水乳型和反应型三大类。

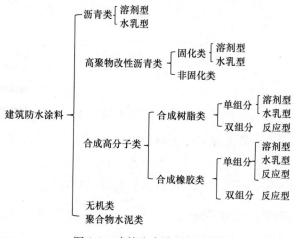

图 1-1　建筑防水涂料的分类

1.1.2 防水涂料的防水机理

采用防水涂料来防止建筑物的渗水和漏水是 20 世纪 50 年代末就已使用的一种防水方法。建筑防水涂料品种繁多，按其防水机理可分为两类：一是涂膜型；二是憎水型。

1. 涂膜型防水涂料的防水机理

涂膜型防水涂料是通过形成完整的涂膜来阻挡水的透过或水分子的渗透来进行防水的。

许多高分子材料在干燥后即能形成完整的、连续的涂膜。固体高分子其涂膜的分子与分子之间总是有一些间隙的，其宽度约为几个纳米，按理说单个水分子是完全能够通过的。但自然界的水通常是处在缔和状态，几十个水分子之间由于氢键的作用而形成一个很大的分子团，因此实际上是很难通过高分子间隙的。这就是防水涂料涂膜具有防水功能的主要原因。

水乳型防水涂料的成膜过程是依靠乳液颗粒之间的融合完成的，成膜后分子间的间隙则较大，涂膜亦比较疏松。而溶剂型防水涂料则是依靠聚合物分子在溶剂挥发过程中堆积成膜的，分子间较为紧密，其空隙亦较少，因此对于同一种聚合物来说，其溶剂型涂料的防水性能往往要比水乳型防水涂料好，但由于溶剂型防水涂料在生产、施工以及应用过程中对人体和环境可产生危害，因此其应用受到限制。

所有能成膜的涂料并非均具有防水的功能，这是因为某些高分子聚合物含有亲水的基团所致。有些聚合物分子上含有亲水基团，这些亲水基团对水的亲和能力比水分子之间的氢键作用力更强，因此可破坏水分子的氢键作用，导致水分子能够进入并透过高分子涂膜，这类高分子聚合物材料的防水功能就较差，例如聚醋酸乙烯配乳液的涂层在通水后出现发白现象，就是水分子渗入聚合物内部的缘故。聚丙烯酸酯共聚物的分子链上含有许多酯基，酯基本身有一定的亲水性，并且在遇到酸、碱时，会水解形成羧酸基团，使得聚合物的亲水性大大地增加。而且聚丙烯酸酯共聚物在合成时往往会加入一些亲水的表面活性剂、亲水的丙烯酸或甲基丙烯酸，因此聚丙烯酸酯乳液涂料的防水功能也不很强，相比之下，聚氨酯中的氨基甲酸酯基团对酸、碱的稳定性较好，而且聚氨酯涂膜本身又是交联体系，不容易被破坏，因此聚氨酯涂料是一类较好的防水涂料。氯化橡胶、氯磺化聚乙烯等聚合物分子中不存在亲水基团，因此都是较好的防水涂料原料。

2. 憎水型防水涂料的防水机理

由于有些聚合物分子上含有亲水基团，故聚合物所形成的完整的、连续的涂膜并不能保证所有的聚合物涂膜均具有良好的防水功能。如果聚合物本身具有憎水特性，使水分子与涂膜之间根本不相容，则就可以从根本上解决水分子的透过问题，聚硅氧烷防水涂料就是根据此原理设计的。

聚硅氧烷俗称有机硅聚合物，其分子主链由硅和氧两种元素组成，不含碳，但其分子侧基为含碳的有机基团，如甲基、乙基、苯基、乙烯基等。聚硅氧烷具有优良的耐热性、耐寒性、电绝缘性、耐水性、憎水性、耐候性、耐腐蚀性等，同时具有有机高分子材料的韧性、高弹性和可塑性。此外，有机硅聚合物在芳香族溶剂和酮类溶剂中有良好的溶解性。这为制备防水涂料提供了可能性。

　　有机硅聚合物在水中的溶解度极小，本身又难吸收水分，同时出于分子主链外面存在的非极性有机基团与水分子中氢原子的排斥作用，使得有机硅聚合物具有良好的憎水性。此外，由于有机硅聚合物分子之间的引力较小，排列不太紧密，所以用有机硅聚合物处理过的表面，虽然有较好的防水性，但却还具有良好的透气性。

　　有机硅聚合物分子间的作用力很小，因此机械强度较低，另外由于其很小的表面能，使其与其他物质的粘附性很差，因此直接用其做涂料在附着力方面存在着难以克服的困难。目前在涂料工业中有机硅聚合物一般都与其他单体或聚合物共聚来改性。改性有机硅涂料用的高分子材料主要有醇酸树脂、聚酯树脂、环氧树脂、聚丙烯酸酯树脂、聚氨酯、酚醛树脂等。其中有机硅改性聚丙烯酸酯树脂在防水涂料中的应用最为广泛。改性有机硅树脂的制备方法有冷混合和化学反应两种工艺。冷混合即机械混合，有机硅树脂与其他聚合物之间的相容性较差，通常需要加入偶联剂以提高两种聚合物之间的相容性，另外通常要求有机硅聚合物中苯基的含量较高一些，有利于与其他高分子的混溶。冷混合法的工艺较简单，涂膜结构往往不够均匀，不能充分发挥两种树脂的性能。化学反应的改性，则是通过含烷氧基或羟基的有机硅低聚物与含活性功能团（如羟基、烷氧基）的有机高分子通过化学反应共聚而成，采用化学反应工艺制备的树脂具有较均匀的结构，涂膜的性能亦较好，化学反应工艺是目前主要采用的方法。

1.1.3　防水涂料的基本性能与技术要求

1. 防水涂料的基本性能特点

防水涂料的基本性能特点如下：

　　（1）防水涂料在常温下呈黏稠状液体，经涂布固化后能形成无接缝的防水涂膜。防水涂料的这一性能特点决定了其不仅能在水平面上，而且能在立面、阴阳角及穿结构层管道、凸起物、狭窄场所等各种复杂表面、细部构造处进行防水施工，并形成无接缝的完整的防水、防潮的防水膜。

　　（2）涂膜防水层应具有良好的耐水、耐候、耐酸碱特性和优异的延伸性能，能适应基层局部变形的需要。对于基层裂缝，如损坏后亦易于修补，即可以在渗漏处进行局部修补；对于结构缝、管道根部等一些容易造成渗漏的部位，也极易进行增强、补强、维修处理。

　　（3）涂膜防水层的拉伸强度可以通过加贴胎体增强材料来得到加强。

　　（4）防水涂料可以刷涂、刮涂或机械喷涂，施工进度快、操作简单，以冷作业为主，劳动强度低、污染少、安全性能好。

　　（5）防水涂料如与防水密封材料配合使用，则可较好地防止渗漏水，延长使用寿命。

　　（6）涂膜防水工程一般均依靠人工来涂布，故其厚度很难做到均匀一致，因此在施工时，必须要严格按照操作工艺规程进行重复多遍地涂刷，以保证单位面积内的最低使用量，确保涂膜防水层的施工质量。

　　（7）防水涂料固化后所形成的涂膜防水层自重轻，故一些轻型、薄壳的异型屋面均采用涂膜防水。

2. 防水涂料物理力学性能项目

建筑防水涂料产品一般均有相关的质量指标，我们了解防水涂料物理力学性能试验项目的含义，对加强防水涂料产品的设计、生产管理和涂料产品的选用是具有重要意义的。

（1）密度　在规定的温度下，涂料单位体积的质量称之为密度。用每立方米的千克数（kg/m³）表示。批量之间密度的波动往往是质量不稳定的重要提示。在成本测算、工程估料时，密度则是重要的经济参数。

（2）固体含量　涂料所含有的不挥发物质的量称之为固体含量，一般用不挥发物的质量分数表示。该项技术指标有助于设计产品配方及产品综合性能，因为固体含量对成膜质量、遮盖力、施工性、成本造价等均有较大的影响。建筑防水涂料的固体含量包括成膜物质、颜料和填料等质量。在单位面积用量相等的情况下，不同的固体含量可导致涂膜厚度有较大的差异，该项技术要求在工程应用中十分重要。涂料因品种的不同，固体含量也不尽相同。涂料的固体含量越高，所得的涂膜也越厚。

（3）黏度　液态涂料流动所具有的内部阻力称之为黏度。除粉末涂料外，大多数涂料均为黏稠的液体。测定黏度的方法很多，一般都采用涂-4黏度计测定。以100ml涂料在规定温度下，从 ϕ4mm 孔径的小孔中流出所需的时间，以秒（s）计算，这就是该涂料的黏度。对于清漆等透明液体，还可以用气泡黏度计或落球法黏度计测定黏度。涂料的黏度是涂料产品的重要指标之一，它对涂料的储存稳定性、施工应用等均有很大的影响，因此需要测试涂料的黏度来作为产品的内控指标。在涂料施工时，黏度过高会使施工困难，涂膜的流平性差；黏度过低，会导致流挂及涂膜较薄等弊病。

（4）干燥时间　涂料从流体层到全部形成固体涂膜这一段时间，称之为干燥时间。涂膜的整个干燥过程可分为两个阶段，即表面干燥和实际干燥，其干燥时间亦可分为涂膜表面干燥时间（简称涂膜表干时间）和涂膜实际干燥时间（简称涂膜实干时间）。涂膜表干时间是指涂料在规定的干燥条件下，一定厚度的湿涂膜其表面从液态变为固态，但其下面仍为液态所需要的时间，涂膜表干时间以分（min）表示；涂膜实干时间是指涂膜在规定的干燥条件下，从施涂好的一定厚度的液态涂膜至形成固态涂膜所需要的时间，涂膜实干时间以小时（h）表示。涂料产品的干燥时间的长短与涂料施工的间隔时间有很大的关系，应根据涂料产品的干燥时间的长短来决定涂膜防水工程施工时第一遍涂料与第二遍涂料之间的间隔时间。干燥时间是涂料涂装性能的重要指标。

（5）柔韧性　涂膜被覆物件表面经常受到物体变形等外力的作用，涂膜承受这种外力作用的能力称之为柔韧性，并以附着力为先决条件。室外耐候性能优良的涂料应在温度变化时有恰当的柔韧性。

（6）低温柔性　防水涂膜的使用温度范围很宽，除了高温、光照条件外，还要适应在−10℃～−20℃（高寒地带可达到−30℃～−40℃）条件下使用。防水涂料一般是由有机高分子材料制成的，故对温度都有一定的敏感性，通常表现为高温时柔软甚至流淌，而低温时则发硬变脆，甚至产生碎裂现象。在这种气候条件下，房屋变形极易导致防水涂膜产生裂缝失去整体防水性能。低温柔性是指涂膜能承受在低温条件下外力作用的能力。

（7）拉伸强度　拉伸强度是防水涂料中一项性能指标，以此可以检测防水涂料的生产工艺和施工工艺是否正常。防水涂料的拉伸强度并不能足以克服建筑物因气温变化、地基沉降等影响而引起变形，在加热、紫外线、酸、碱的作用下，拉伸强度应能在一个合适的范围内变化。涂膜的拉伸强度高，则涂膜的结构致密、抗冲击及穿刺能力较好，各项物理性能及抗老化性能也较好。

（8）延伸率　延伸率和断裂时延伸率是防水涂料最重要的技术指标之一。涂膜的形变吸收了建筑物变形所产生的应力，既保证了防水涂膜的完整性，也保证了防水的功能。在加热、紫外线、酸、碱的作用下，延伸性能应在一个合适的范围内变化，以保证涂膜长期的防水性能。

（9）恢复率　恢复率是指涂膜被拉伸变形并在撤出压力后，涂膜恢复到原来形状的能力，即表明涂膜在使用过程中，适应建筑物，特别是建筑物局部裂缝形变的能力。

（10）拉伸时的老化　拉伸时的老化可分为加热老化和紫外线老化等几种，是检验涂膜在加热和紫外光作用下，因建筑物变形而引起涂膜均布部位受强力拉伸而变形，影响长期防水效果的程度。

（11）耐热性　涂膜在一定的高温条件下，经过一定时间之后，仍能保持一定的性能，称之为耐热性。耐热性是防水涂料的重要性能之一，特别是含有沥青、焦油类物质，经过高分子材料的改性后，在高温和低温条件下的性能均有明显的改善，耐热性则是衡量其性能改善程度的效果的一项技术性能指标，也是一项评定涂料在高温条件下是否符合使用要求的指标。

（12）粘结强度　粘结强度是防水涂料的一项重要技术性能指标。防水涂料施工成膜后，必须与水泥基层有一定的粘结强度，因为防水涂膜具有不透水性，水泥基层下部的水分不能透过防水涂膜，如屋面水泥基板在使用过程中，室内产生的水蒸气则缓慢地透过基板到达防水涂膜的底部，水受热变蒸汽或受冷变液体，其体积变化极大，产生很大的顶推力，如果粘结强度过低，涂膜则会起鼓发泡，冬季变脆甚至碎裂，影响涂膜的长期防水效果。粘结强度是涂层单位面积所能承受的最大拉伸荷载，即指防水涂膜涂层的粘结性能。粘结强度常以兆帕（MPa）来表示。

（13）抗冻性　与低温柔性一样，水性防水涂料在施工过程中，应使其水分充分挥发，形成较致密的防水涂膜。如果防水涂膜内有水分或涂膜不致密，在使用过程中，水分渗入其中，在低温下水分结冰，导致涂膜的微膨胀，使防水涂膜起泡、开裂和与基材剥离。抗冻性是检验涂膜抗冻能力的一项技术指标。

（14）不透水性　不透水性是防水涂料的重要性能之一。不透水性是在一定的水压作用下，涂膜阻挡水分穿过的能力。

（15）适用时间　适用时间是表示涂料启用到失效的时间。双组分涂料在使用前，需要将两个组分充分混合搅拌均匀，两组分发生必要的化学反应，最终成为交联立体结构的涂膜。适用时间是指发生化学反应初期，不影响施工性能和最终涂料性能的最长时间。超过该时间，涂料的施工变得困难，涂料性能指标不能得到有效的保障。

（16）加热伸缩率　防水涂料特别是双组分反应型防水涂料，在施工前要先将两个组分搅拌，在涂布施工完成后逐步交联成膜，有部分溶剂或水分不能完全排出，在使用过程中会逐步挥发，引起涂膜体积变化和尺寸变化，涂膜会产生很强的内应力，在长期内应力的作用下，致使材料加速老化、龟裂，甚至丧失防水功能。加热伸缩率是测定防水涂膜在受到加热影响后其变形状况的一项技术性能指标。

3. 工程技术规范对建筑防水材料提出的理化性能要求

防水材料的选择应符合国家标准 GB 50345—2012《屋面工程技术规范》、GB 50108—2008《地下工程防水技术规范》等工程技术规范提出的要求。

1）GB 50345—2012《屋面工程技术防范》对防水卷材、防水涂料、防水密封材料提出的要求

（1）屋面工程用防水材料标准应按表 1-4 选用。

表 1-4　屋面工程用防水材料标准 *

类别	标准名称	标准编号
改性沥青 防水卷材	弹性体改性沥青防水卷材	GB 18242
	塑性体改性沥青防水卷材	GB 18243
	改性沥青聚乙烯胎防水卷材	GB 18967
	带自粘层的防水卷材	GB/T 23260
	自粘聚合物改性沥青防水卷材	GB 23441
合成高分子 防水卷材	聚氯乙烯防水卷材	GB 12952
	氯化聚乙烯防水卷材	GB 12953
	高分子防水材料（第一部分：片材）	GB 18173.1
	氯化聚乙烯—橡胶共混防水卷材	JC/T 684
防水涂料	聚氨酯防水涂料	GB/T 19250
	聚合物水泥防水涂料	GB/T 23445
	水乳型沥青防水涂料	JC/T 408
	溶剂型橡胶沥青防水涂料	JC/T 852
	聚合物乳液建筑防水涂料	JC/T 864
密封材料	硅酮建筑密封胶	GB/T 14683
	建筑用硅酮结构密封胶	GB 16776
	建筑防水沥青嵌缝油膏	JC/T 207
	聚氨酯建筑密封胶	JC/T 482
	聚硫建筑密封胶	JC/T 483
	中空玻璃用弹性密封胶	JC/T 486
	混凝土建筑接缝用密封胶	JC/T 881
	幕墙玻璃接缝用密封胶	JC/T 882
	彩色涂层钢板用建筑密封胶	JC/T 884
瓦	玻纤胎沥青瓦	GB/T 20474
	烧结瓦	GB/T 21149
	混凝土瓦	JC/T 746
配套材料	高分子防水卷材胶粘剂	JC/T 863
	丁基橡胶防水密封胶粘带	JC/T 942
	坡屋面用防水材料　聚合物改性沥青防水垫层	JC/T 1067
	坡屋面用防水材料　自粘聚合物沥青防水垫层	JC/T 1068
	沥青防水卷材用基层处理剂	JC/T 1069
	自粘聚合物沥青泛水带	JC/T 1070
	种植屋面用耐根穿刺防水卷材	JC/T 1075

---

* 按照现行国家标准、现行行业标准的规定。

（2）高聚物改性沥青防水卷材的主要性能指标应符合表 1-5 的要求；合成高分子防水卷材的主要性能指标应符合表 1-6 的要求；基础处理剂、胶粘剂、胶粘带的主要性能指标应符合表 1-7 的要求；聚合物水泥防水胶结材料的主要性能指标应符合表 1-8 的要求。

表 1-5　高聚物改性沥青防水卷材的主要性能指标

项　目		指　标				
		聚酯毡胎体	玻纤毡胎体	聚乙烯胎体	自粘聚酯胎体	自粘无胎体
可溶物含量（g/m²）		3mm 厚≥2100 4mm 厚≥2900		—	2mm 厚≥1300 3mm 厚≥2100	—
拉力（N/50mm）		≥500	纵向≥350	≥200	2mm 厚≥350 3mm 厚≥450	≥150
延伸率（%）		最大拉力时 SBS≥30 APP≥25	—	断裂时 ≥120	最大拉力时 ≥30	最大拉力时 ≥200
耐热度（℃，2h）		SBS 卷材 90，APP 卷材 110，无滑动、流淌、滴落		PEE 卷材 90，无流淌、起泡	70，无滑动、流淌、滴落	70，滑动不超过 2mm
低温柔性（℃）		SBS 卷材－20；APP 卷材－7；PEE 卷材－20			－20	
不透水性	压力（MPa）	≥0.3	≥0.2	≥0.4	≥0.3	≥0.2
	保持时间（min）	≥30			≥120	

注：SBS 卷材为弹性体改性沥青防水卷材；APP 卷材为塑性体改性沥青防水卷材；PEE 卷材为改性沥青聚乙烯胎防水卷材。

摘自 GB 50345—2012

表 1-6　合成高分子防水卷材的主要性能指标

项　目		指　标			
		硫化橡胶类	非硫化橡胶类	树脂类	树脂类（复合片）
断裂拉伸强度（MPa）		≥6	≥3	≥10	≥60 N/10mm
扯断伸长率（%）		≥400	≥200	≥200	≥400
低温弯折（℃）		－30	－20	－25	－20
不透水性	压力（MPa）	≥0.3	≥0.2	≥0.3	≥0.3
	保持时间（min）	≥30			
加热收缩率（%）		＜1.2	＜2.0	≤2.0	≤2.0
热老化保持率（80℃×168h，%）	断裂拉伸强度	≥80		≥85	≥80
	扯断伸长率	≥70		≥80	≥70

摘自 GB 50345—2012

表 1-7　基层处理剂、胶粘剂、胶粘带的主要性能指标

项　　目	指　标			
	沥青基防水卷材用基层处理剂	改性沥青胶粘剂	高分子胶粘剂	双面胶粘带
剥离强度（N/10mm）	≥8	≥8	≥15	≥6
浸水 168h 剥离强度保持率（%）	≥8 N/10mm	≥8 N/10mm	70	70
固体含量（%）	水性≥40 溶剂性≥30	—	—	—
耐热性	80℃无流淌	80℃无流淌	—	—
低温柔性	0℃无裂纹	0℃无裂纹	—	—

摘自 GB 50345—2012

表 1-8　聚合物水泥防水胶结材料的主要性能指标

项　　目		指　标
与水泥基层的拉伸粘结强度（MPa）	常温 7d	≥0.6
	耐水	≥0.4
	耐冻融	≥0.4
可操作时间（h）		≥2
抗渗性能（MPa，7d）	抗渗性	≥1.0
抗压强度（MPa）		≥9
柔韧性 28d	抗压强度/抗折强度	≤3
剪切状态下的粘合性（N/mm，常温）	卷材与卷材	≥2.0
	卷材与基底	≥1.8

摘自 GB 50345—2012

（3）高聚物改性沥青防水涂料的主要性能指标应符合表 1-9 的要求；合成高分子防水涂料的（反应型固化、挥发型固化）主要性能指标应分别符合表 1-10、表 1-11 的要求；聚合物水泥防水涂料的主要性能指标应符合表 1-12 的要求；胎体增强材料的主要性能指标应符合表 1-13 的要求。

表 1-9　高聚物改性沥青防水涂料的主要性能指标

项　　目		指　标	
		水乳型	溶剂型
固体含量（%）		≥45	≥48
耐热性（80℃，5h）		无流淌、起泡、滑动	
低温柔性（℃，2h）		−15，无裂纹	−15，无裂纹
不透水性	压力（MPa）	≥0.1	≥0.2
	保持时间（min）	≥30	≥30
断裂伸长率（%）		≥600	—
抗裂性（mm）		—	基层裂缝 0.3mm，涂膜无裂纹

摘自 GB 50345—2012

表 1-10　合成高分子防水涂料的（反应型固化）主要性能指标

项　目		指　　标	
		Ⅰ类	Ⅱ类
固体含量（%）		单组分≥80；多组分≥92	
拉伸强度（MPa）		单组分，多组分≥1.9	单组分，多组分≥2.45
断裂伸长率（%）		单组分≥550；多组分≥450	单组分，多组分≥450
低温柔性（℃，2h）		单组分－40；多组分－35，无裂纹	
不透水性	压力（MPa）	≥0.3	
	保持时间（min）	≥30	

注：产品按拉伸性能分Ⅰ类和Ⅱ类。

摘自 GB 50345—2012

表 1-11　合成高分子防水涂料的（挥发型固化）主要性能指标

项　目		指　标
固体含量（%）		≥65
拉伸强度（MPa）		≥1.5
断裂伸长率（%）		≥300
低温柔性（℃，2h）		－20，无裂纹
不透水性	压力（MPa）	≥0.3
	保持时间（min）	≥30

摘自 GB 50345—2012

表 1-12　聚合物水泥防水涂料的主要性能指标

项　目		指　标
固体含量（%）		≥70
拉伸强度（MPa）		≥1.2
断裂伸长率（%）		≥200
低温柔性（℃，2h）		－10，无裂纹
不透水性	压力（MPa）	≥0.3
	保持时间（min）	≥30

摘自 GB 50345—2012

表 1-13　胎体增强材料的主要性能指标

项　目		指　　标	
		聚酯无纺布	化纤无纺布
外观		均匀，无团状，平整无皱折	
拉力（N/50mm）	纵向	≥150	≥45
	横向	≥100	≥35
延伸率（%）	纵向	≥10	≥20
	横向	≥20	≥25

摘自 GB 50345—2012

（4）合成高分子密封材料的主要性能指标应符合表 1-14 的要求；改性石油沥青密封材料的主要性能指标应符合表 1-15 的要求。

表 1-14 合成高分子密封材料的主要性能指标

项 目		指 标						
		25LM	25HM	20LM	20HM	12.5E	12.5P	7.5P
拉伸模量 （MPa）	23℃～－20℃	≤0.4 和 ≤0.6	＞0.4 或 ＞0.6	≤0.4 和 ≤0.6	＞0.4 或 ＞0.6		—	
定伸粘结性				无破坏			—	
浸水后定伸粘结性				无破坏			—	
热压冷拉后粘结性				无破坏			—	
拉伸压缩后粘结性				—			无破坏	
断裂伸长率（%）				—			≥100	≥20
浸水后断裂伸长率（%）				—			≥100	≥20

注：产品按位移能力分为 25、20、12.5、7.5 四个级别；25 级和 20 级密封材料按伸拉模量分为低模量（LM）和高模量（HM）两个次级别；12.5 级密封材料按弹性恢复率分为弹性（E）和塑性（P）两个次级别。

摘自 GB 50345—2012

表 1-15 改性石油沥青密封材料的主要性能指标

项 目		指 标	
		Ⅰ类	Ⅱ类
耐热性	温度（℃）	70	80
	下垂值(mm)		≤4.0
低温柔性	温度（℃）	－20	－10
	粘结状态		无裂纹和剥离现象
拉伸粘结性（%）			≥125
浸水后拉伸粘结性（%）			125
挥发性（%）			≤2.8
施工度（mm）		≥22.0	≥20.0

注：产品按耐热度和低温柔性分为Ⅰ类和Ⅱ类。

摘自 GB 50345—2012

2）国家标准 GB 50108—2008《地下工程防水技术规范》对防水卷材、防水涂料、防水砂浆提出的要求

（1）防水卷材

防水卷材的品种规格和层数，应根据地下工程的防水等级、地下水位的高低及水压力作用状况、结构构造形式和施工工艺等因素来确定。卷材防水层的卷材品种应按照表 1-16 选用，并符合以下规定：①卷材的外观质量、品种规格应符合现行国家有关标准的规定；②卷材及其胶粘剂应具有良好的耐水性、耐久性、耐穿刺性、耐腐蚀性和耐菌性。

表 1-16　卷材防水层的卷材品种

类　别	品 种 名 称	类　别	品 种 名 称
高聚物改性沥青类 防水卷材	弹性体改性沥青防水卷材	合成高分子类 防水卷材	三元乙丙橡胶防水卷材
	改性沥青聚乙烯胎防水卷材		聚氯乙烯防水卷材
	自粘聚合物改性沥青防水卷材		聚乙烯丙纶复合防水卷材
			高分子自粘胶膜防水卷材

摘自 GB 50108—2008

　　高聚物改性沥青类防水卷材的主要物理性能应符合表 1-17 的要求；合成高分子类防水卷材的主要物理性能应符合表 1-18 的要求；粘贴各类防水卷材应采用与卷材材性相容的胶粘材料，其粘结质量应符合表 1-19 的要求；聚乙烯丙纶复合防水卷材应采用聚合物水泥防水粘结材料，其物理性能应符合表 1-20 的要求。

表 1-17　高聚物改性沥青类防水卷材的主要物理性能

项　　目		性 能 要 求				
		弹性体改性沥青防水卷材			自粘聚合物改性沥青防水卷材	
		聚酯毡胎体	玻纤毡胎体	聚乙烯膜胎体	聚酯毡胎体	无胎体
可溶物含量 （g/m²）		3mm 厚≥2100 4mm 厚≥2900			3mm 厚 ≥2100	—
拉伸性能	拉力 （N/50mm）	≥800 （纵横向）	≥500 （纵横向）	≥140 （纵向） ≥120 （横向）	≥450 （纵横向）	≥180 （纵横向）
	延伸率（%）	最大拉力时 ≥40 （纵横向）	—	断裂时 ≥250 （纵横向）	最大拉力时 ≥30 （纵横向）	断裂时≥200 （纵横向）
低温柔度（℃）		—25，无裂纹				
热老化后低温柔度 （℃）		—20，无裂缝		—22，无裂纹		
不透水性		压力 0.3MPa，保持时间 120min，不透水				

摘自 GB 50108—2008

表 1-18　合成高分子类防水卷材的主要物理性能

项　　目	性 能 要 求			
	三元乙丙橡胶 防水卷材	聚氯乙烯 防水卷材	聚乙烯丙纶复合 防水卷材	高分子自粘胶膜 防水卷材
断裂拉伸强度	≥7.5MPa	≥12MPa	≥60N/10mm	≥100N/10mm
断裂伸长率	≥450%	≥250%	≥300%	≥400%
低温弯折性	—40℃，无裂纹	—20℃，无裂纹	—20℃，无裂纹	—20℃，无裂纹
不透水性	压力 0.3MPa，保持时间 120min，不透水			
撕裂强度	≥25kN/m	≥40kN/m	≥20N/10mm	≥120N/10mm
复合强度（表层与芯层）	—	—	≥1.2N/mm	—

摘自 GB 50108—2008

表 1-19　防水卷材粘结的质量要求

项　目		自粘聚合物改性沥青防水卷材粘合面		三元乙丙橡胶和聚氯乙烯防水卷材胶粘剂	合成橡胶胶粘带	高分子自粘胶膜防水卷材粘合面
		聚酯毡胎体	无胎体			
剪切状态下的粘合性（卷材-卷材）	标准试验条件（N/10mm）≥	40 或卷材断裂	20 或卷材断裂	20 或卷材断裂	20 或卷材断裂	40 或卷材断裂
粘结剥离强度（卷材-卷材）	标准试验条件（N/10mm）≥	15 或卷材断裂		15 或卷材断裂	4 或卷材断裂	—
	浸水 168h 后保持率（%）≥	70		70	80	—
与混凝土粘结强度（卷材-混凝土）	标准试验条件（N/10mm）≥	15 或卷材断裂		15 或卷材断裂	6 或卷材断裂	20 或卷材断裂

摘自 GB 50108—2008

表 1-20　聚合物水泥防水粘结材料的物理性能

项　目		性能要求
与水泥基面的粘结拉伸强度（MPa）	常温 7d	≥0.6
	耐水性	≥0.4
	耐冻性	≥0.4
可操作时间（h）		≥2
抗渗性（MPa，7d）		≥1.0
剪切状态下的粘合性（N/mm，常温）	卷材与卷材	≥2.0 或卷材断裂
	卷材与基面	≥1.8 或卷材断裂

摘自 GB 50108—2008

（2）防水涂料

防水涂料有无机防水涂料和有机防水涂料。无机防水涂料可选用掺外加剂、掺合料的水泥基防水涂料、水泥基渗透结晶型防水涂料。有机防水涂料可选用反应型、水乳型、聚合物水泥等防水涂料。

涂料防水层所选用的涂料应符合以下规定：①应具有良好的耐水性、耐久性、耐腐蚀性及耐菌性；②应无毒、难燃、低污染；③无机防水涂料应具有良好的干湿粘结性和耐磨性，有机防水涂料应具有较好的延伸性及较大适应基层变形能力。

无机防水涂料的性能指标应符合表 1-21 的规定；有机防水涂料的性能指标应符合表 1-22 的规定。

表 1-21　无机防水涂料的性能指标

涂料种类	抗折强度（MPa）	粘结强度（MPa）	一次抗渗性（MPa）	二次抗渗性（MPa）	冻融循环（次）
掺外加剂、掺合料水泥基防水涂料	≥4	≥1.0	>0.8	—	>50
水泥基渗透结晶型防水涂料	≥4	≥1.0	>1.0	>0.8	>50

摘自 GB 50108—2008

表 1-22　有机防水涂料的性能指标

涂料种类	可操作时间（min）	潮湿基面粘结强度（MPa）	抗渗性（MPa）			浸水 168h 后拉伸强度（MPa）	浸水 168h 后断裂伸长率（%）	耐水性（%）	表干（h）	实干（h）
			涂膜（120min）	砂浆迎水面	砂浆背水面					
反应型	≥20	≥0.5	≥0.3	≥0.8	≥0.3	≥1.7	≥400	≥80	≤12	≤24
水乳型	≥50	≥0.2	≥0.3	≥0.8	≥0.3	≥0.5	≥350	≥80	≤4	≤12
聚合物水泥	≥30	≥1.0	≥0.3	≥0.8	≥0.6	≥1.5	≥80	≥80	≤4	≤12

注：1. 浸水 168h 后的拉伸强度和断裂伸长率是在浸水取出后只经擦干即进行试验所得的值。

　　2. 耐水性指标是指材料浸水 168h 后取出擦干即进行试验，其粘结强度及抗渗性的保持率。

摘自 GB 50108—2008

（3）防水砂浆

防水砂浆有聚合物水泥防水砂浆、掺外加剂或掺合料的防水砂浆等。防水砂浆的主要性能应符合表 1-23 的要求。

表 1-23　防水砂浆主要性能要求

防水砂浆种类	粘结强度（MPa）	抗渗性（MPa）	抗折强度（MPa）	干缩率（%）	吸水率（%）	冻融循环（次）	耐碱性	耐水性（%）
掺外加剂、掺合料的防水砂浆	>0.6	≥0.8	同普通砂浆	同普通砂浆	≤3	>50	10%NaOH 溶液浸泡 14d 无变化	—
聚合物水泥防水砂浆	>1.2	≥1.5	≥8.0	≤0.15	≤4	>50	—	≥80

注：耐水性指标是指砂浆浸水 168h 后材料的粘结强度及抗渗性的保持率。

摘自 GB 50108—2008

1.1.4　防水涂料的应用范围

涂膜防水是由各类防水涂料经重复多遍地涂刷在找平层上，到达一定厚度、静置固化后所构成的无接缝、整体性好的涂膜做防水层。

地下工程涂料防水层所选用的涂料包含无机防水涂料、有机防水涂料和聚合物水泥防水涂料。无机防水涂料可选用水泥基防水涂料、水泥基渗透结晶型涂料；有机防水涂料可选用反应型、水乳型等防水涂料。无机防水涂料宜应用于构造主体的背水面；有机防水涂料宜应用于构造主体的迎水面。如用于背水面的有机防水涂料应具有较高的抗渗性，且与基层有较强的粘接性。水泥基防水涂料的厚度宜为 1.5 ～2.0mm；水泥基渗透结晶型防水涂料的厚度不应小于 0.8mm；有机防水涂料可根据材料的性能，其厚度宜为 1.2～2.0mm。

涂膜防水屋面工程应选用的防水涂料为高分子聚合物改性沥青防水涂料、合成高分子防水涂料（反应固化型、挥发固化型）、聚合物水泥防水涂料等。屋面防水工程依据建筑物的性质、重要程度、使用功能要求以及防水层合理使用年限，按不同等级进行设防。

由于涂膜防水层的整体性好，对建筑物的细部构造、防水节点和任何不规则的部位均可形成无接缝的防水层，且施工方便，如涂膜和卷材等材料作复合防水层，充分发挥其整体性好的特性，可取得良好的防水效果。

1.1.5　防水涂料的包装与运输

1. 防水涂料的包装

防水涂料的包装应符合下列要求：

1）产品宜用带盖的铁桶或塑料桶密封包装，对于双组分防水涂料应按产品配比配料，分别密封包装，甲、乙组分的包装应有明显的区别。包装好的产品应附有产品合格证书和产品使用说明书。

2）水性沥青基防水涂料产品一般用带盖的铁桶或塑料桶包装，每桶净重为 200kg、100kg、50kg 三种规格。对于水性石棉沥青防水涂料、膨润土沥青乳液防水涂料，其液面高度不得大于 800mm，加盖密封。

3）溶剂型弹性沥青防水涂料的规格一般为 20kg、25kg、50kg、200kg 等，采用桶装，特殊规格的包装可由供需双方商定。

4）包装桶应有牢固的标志，标签上应注明以下内容：产品的牌号、型号；产品的名称、批号、颜色；产品的净重；制造（生产）日期；贮存有效期；生产厂家名称、地址、电话；贮存和运输注意事项。

此外，还应附有产品合格证。

2. 防水涂料的运输

防水涂料的运输应符合下列要求：

1）产品在运输和装卸的过程中，应注意轻拿轻放，按类别、品种和批号、颜色排放整齐，并应绑扎牢固，以防止涂料容器的窜动和坠落。涂料容器不能倒置，不能遗失标签。

2）在运输过程中，应防止雨淋和阳光直接曝晒。

3）产品在铁路运输中，应按照我国铁路《化学危险品运输暂行条例》的有关规定，办理托运手续。

4）涂料按其危险程度可分为：

（1）易燃危险品　含溶剂较多的涂料、稀释剂、防潮剂等。

（2）一般危险品　各种底漆、厚漆和腻子等。

（3）普通化学品　各种水乳型防水涂料。

1.2

非固化橡胶沥青防水涂料

非固化橡胶沥青防水涂料是一种新型的防水涂料产品。它不同于传统的水性防水涂料、溶剂型或反应型防水涂料的成膜形式，而是一种非固化、蠕变型，集防水、粘结、密封、注浆浆料等多种功能于一体的防水材料。

1.2.1　非固化橡胶沥青防水涂料的概念

非固化橡胶沥青防水涂料（Non-curable rubber modified asphalt coating for waterproofing）简称非固化防水涂料，是以橡胶、沥青为主要成分，加入助剂等材料，混合制成的具有蠕变和自粘的特性，常温条件下，在设计使用年限内能保持黏性膏状体，采用喷涂、刮涂、注浆等施工工艺，广泛应用于非外露建筑防水工程，具有防水、粘结、密封、注浆浆料性质的一类防水涂料。

非固化橡胶沥青防水涂料是采用高分子材料、增粘材料对沥青进行改性，并使其具有蠕变和自粘的特性，通过在施工现场加热使其成为流动状态，采用专用的施工设备，或喷涂、或刮涂、或注浆到基层，使其与基层牢固地粘结在一起，形成粘结力强，具有蠕变和自愈功能的防水层。非固化橡胶沥青防水涂料既可作为独立的防水层存在（需在表面覆保护层或无纺布隔离层），也可与防水卷材进行复合，形成复合防水层。

1.2.2　产品的技术性能要求和特点

1.2.2.1　产品的技术性能要求

建材行业标准 JC/T 2288—2014《非固化橡胶沥青防水涂料》（公示稿）对适用于建筑工程非外露防水用的非固化橡胶沥青防水涂料提出的技术性能要求如下：

1. 一般要求

产品的生产和应用不应对人体、生物与环境造成有害的影响，所涉及与使用有关的安全与环保要求，应符合我国相关国家标准和规范的规定。

2. 技术要求

1）外观

产品应均匀、无结块，无明显可见杂质。

2）物理力学性能

产品物理力学性能应符合表 1-24 的规定。

表 1-24　物理力学性能

序号	项　　目		技术指标
1	闪点/℃	≥	180
2	固含量/%	≥	98
3	粘结性能	干燥基面	100％内聚破坏
		潮湿基面	
4	延伸性/mm	≥	15
5	低温柔性		—20℃，无断裂
6	耐热性/℃		65
			无滑动、流淌、滴落
7	热老化 70℃，168h	延伸性/mm ≥	15
		低温柔性	—15℃，无断裂
8	耐酸性（2％H₂SO₄溶液）	外观	无变化
		延伸性/mm ≥	15
		质量变化/%	±2.0
9	耐碱性［0.1％NaOH＋饱和Ca(OH)₂溶液］	外观	无变化
		延伸性/mm ≥	15
		质量变化/%	±2.0
10	耐盐性（3％NaCl溶液）	外观	无变化
		延伸性/mm ≥	15
		质量变化/%	±2.0
11	自愈性		无渗水
12	渗油性/张	≤	2
13	应力松弛/% ≤	无处理	35
		热老化（70℃，168h）	
14	抗窜水性/0.6MPa		无窜水

摘自 JC/T 2288—2014（公示稿）

1.2.2.2　非固化橡胶沥青防水涂料的标志和标记、包装、运输和贮存

1. 标志和标记

1）标志

产品的外包装上应包括：产品名称；生产厂名、地址；商标；产品标记；产品净质量；生产日期和批号；使用说明以及安全使用事项；运输和贮存注意事项；贮存期。

2）标记

按产品名称、标准编号顺序进行产品标记。非固化橡胶沥青防水涂料的标记为：非固化防水涂料 JC/T ×××—201×。

2. 包装

产品宜用带盖的铁桶或塑料桶密闭包装。

3. 运输与贮存

运输与贮存时，不同类型的产品应分别堆放，不应混杂。禁止接近火源，避免日晒雨淋，防止碰撞，注意通风。贮存温度宜不超过40℃。

在正常贮存、运输条件下，贮存期自生产之日起至少为12个月。

1.2.2.3　产品的主要特性

目前非固化橡胶沥青防水涂料已得到了广泛的使用，对其产品的性能和施工特点均已得到了建筑防水行业的认可。其产品特点主要表现在以下几个方面：

1）产品的固含量高达98％以上，几乎无挥发物。施工后始终保持膏状的原有状态，产品经过长久使用，仍保持着不固化的特性；产品的延伸率高，柔韧性佳，具有优良的耐久性、耐高低温性、耐老化性、耐化学腐蚀性和耐疲劳性；产品在密闭状态下可以长久贮存，不影响其使用性能。产品无毒、无味、无污染且不燃。

2）粘附性能良好，其既可与混凝土结构、钢结构、塑料管道、木材、玻璃等多种基材粘接，又可与 SBS 改性沥青防水卷材、APP 改性沥青防水卷材、合成高分子防水卷材、自粘防水卷材等防水材料紧密粘结。当非固化橡胶沥青防水涂料与基材粘接后，可以有效地杜绝窜水现象的发生。

3）非固化橡胶沥青防水涂料是由橡胶、沥青以及特种添加剂等组成的一类胶状材料，具有很好的粘结性，故其既可以作涂膜防水层，又可以用作胶粘剂，应用于采用冷粘法施工的防水卷材的粘贴，并形成"涂膜＋卷材"的复合防水层。非固化橡胶沥青防水涂料应用于建筑物表面的防水，其最佳形式就是与防水卷材的复合使用。由于该涂料具有在施工后，即使长时间放置也不会固化的特点，能够充分发挥其粘结特性的作用，可以和防水卷材形成紧密粘贴牢固的防水层，充分起到了粘结防水卷材和防窜水的作用。

4）非固化橡胶沥青防水涂料具有自愈能力强的特征，从而可以维持防水层的完整性，在施工过程或之后的日常使用中，非固化橡胶沥青防水涂料防水层若出现破损，其也能自行修复。由于非固化橡胶沥青防水涂料所具有的这种自行封闭功能，故其还可以应用于注浆堵漏工程，快速止水堵漏；由于其能够自动流动并填充到基层结构的受损部位或出现开裂的缝隙处，从而阻断渗漏水的侵蚀与破坏，起到了密封防水的作用。

5）非固化橡胶沥青防水涂料的蠕变性能好，其粘滞性能使其很好地封闭基层的毛细孔和裂缝，此不仅使涂膜防水层与基层不会产生剥离并有效地阻止窜水，而且对基层的结构变形具有极佳的适应性，材料的特性决定了其不会将结构变形、开裂而产生的应力传递给防水卷材，从而可以有效地避免卷材防水层因结构沉降（或位移）变形产生的高应力状态下的老化和破损，确保了整个复合防水层能够长期保持完整性。由于非固化橡胶沥青防水涂料所具有的可蠕变性能和良好的粘附性能长久持续保持粘附状态（非固化状态），所以复合防水层就可以有效避免出现诸如涂膜防水层与基层分离脱落，界面产生窜水现象等缺陷，有效地杜绝了渗漏水现象的发生，从而使防水可靠性得到了大幅度的提高。

6）具有优良的潮湿基层可施工性，无明水的潮湿基层可直接喷涂非固化橡胶沥青防水涂料，待一定时间之后，则可以与基层产生良好的粘接；雨后或有水的基层，在将明水清扫干净后，即可直接喷涂非固化橡胶沥青防水涂料，在一定的外力及时间条件下，其同样可以与基层产生良好的粘接。非固化橡胶沥青防水涂料可以在潮湿基层上施工，这一特征为地下防水工程的施工缩短工期创造了良好的条件。

7）非固化橡胶沥青防水涂料的施工具有多样性和方便性，既可以采用刮涂施工工艺，也可以采用喷涂施工工艺，且不受环境温度影响；既可以在常温环境中施工，也可以在冬季零度以下低温环境中施工。非固化橡胶沥青防水涂料施工时，材料不会分离，可形成稳定的、整体无缝的防水层，有利于今后的维护和管理。

8）非固化橡胶沥青防水涂料的应用范围十分广泛。工业民用建筑的屋面和侧墙防水工程，种植屋面的防水工程，地下结构、地铁车站、隧道等地下防水工程，道路桥梁、铁路等路桥防水工程，堤坝、水利设施等防水工程，变形缝、沉降缝等各种缝隙的灌封注浆防水，均可采用非固化橡胶沥青防水涂料进行防水设防。

9）非固化橡胶沥青防水涂料可以单独作为一道防水层来使用，也可以与防水卷材复合起来作为复合防水层来使用。但作为一道防水层使用时，涂料必须在非外露场合使用，并应采用隔离层加以保护。当与防水卷材复合起来作为复合防水层使用时，其防水效果则得到了提高，更能体现出建筑防水"刚柔结合"的设计理念，可以说是较为安全和可靠的一种防水体系。

10）非固化橡胶沥青防水涂料既可以用于新建防水层，也可以用于修复受损的防水层；既可以用于常规区域的防水，也可以用于变形缝等细部构造区域的防水。相对于其他防水材料而言，其在细部构造等特殊区域的防水更具有独特的优势。

1.2.3 非固化橡胶沥青防水涂料的发展历程

非固化橡胶沥青防水涂料是近十年发展起来的一种新型防水材料，也是近几十年来新型防水材料发展最快的产品之一，其优异的特性已越来越引起防水行业的重视、开发和应用。2014 年中国建筑防水行业年度发展报告，专门提到了非固化橡胶沥青防水涂料。指出：近年来随着复合防水材料和机械化施工的推广，很多建筑工程采用防水涂料；聚氨酯防水涂料、聚合物水泥涂料、非固化橡胶沥青防水涂料和喷涂速凝涂料等增长速度也很快。

为提高江苏省建筑防水工程的技术水平，并为建筑防水工程设计、施工、验收提供技术依据，做到技术先进、经济合理、确保质量，江苏省住房和城乡建设厅已发布了江苏省工程建设标准《江苏省建筑防水工程技术规程》DGJ32/TJ 212—2016。此规程对非固化橡胶沥青防水涂料的主要物理性能提出的要求，见表 1-25。

表 1-25　非固化橡胶沥青防水涂料主要物理性能

项目	性能要求	试验方法
固含量（％）	≥98	按国家和行业现行标准执行
延伸性（mm）	≥15	
低温柔性	−20℃，无断裂	
耐热性	65℃，无滑动、流淌、滴落	

摘自 DGJ32/TJ 212—2016

Chapter **02**

非固化橡胶沥青防水涂料的组成材料

建筑防水涂料是由多种物质经混合、溶解、分散而组成的，各个组分具有不同的功能，它们互相组合在一起，使组成的涂料具有最佳的性能。

2.1

防水涂料的组成

组成建筑防水涂料的物质大致可以分为基料、颜料以及各种添加剂等。

2.1.1　防水涂料的各组成部分

组成建筑防水涂料的众多原辅材料，按其在涂料中的性能和作用可概括为主要成膜物质、次要成膜物质、辅助成膜物质三大组成部分。

成膜物质是一些涂于物体表面，能干结成膜的材料，成膜物质是涂料组成中的最重要的成分，主要决定是液体涂料以及随后转变成涂膜的许多性能。

1. 主要成膜物质

涂料的主要成膜物质包含油脂和树脂，是决定涂膜性质的主要因素，可以单独成膜，也可以粘接颜料等物质成膜，所以主要成膜物质又被称之为基料、胶粘剂。

主要成膜物质既有天然的（如动物油、植物油、树油等），也有人工合成的（如丙烯酸酯树脂、有机硅、聚氨酯、合成橡胶等），涂料的主要成膜物质详见表1-2。基料不仅是涂料必不可少的基本组分，而且其化学性质决定了涂料的主要性能和应用方式，它是整个涂料组分的基础。非固化橡胶沥青防水涂料的主要成膜物质（基料）是沥青以及沥青的改性材料高分子聚合物。

2. 次要成膜物质

次要成膜物质主要是颜料，其作用是使涂膜能呈现颜色和遮盖力，增加涂膜硬度，减缓被紫外线破坏，提高涂膜的耐久性。在涂料制造工业中，颜料包括着色颜料、防锈颜料、体质颜料（填料）三大类，颜料的种类详见表 2-1。在非固化橡胶沥青防水涂料中，次要成膜物质主要是体质颜料（填料），包括固体填料和液体填料。

表 2-1　常用的颜料品种分类表

类　别	色　别	品　名
着色颜料	红色颜料	无机颜料——银朱、镉红、钼红等
		有机颜料——甲苯胺红、立索尔红、对位红等
	黄色颜料	无机颜料——铅铬黄、镉黄、锑黄等
		有机颜料——耐晒黄、联苯胺黄等
	蓝色颜料	无机颜料——铁蓝、群青等
		有机颜料——酞青蓝、孔雀蓝等
	白色颜料	无机颜料——氧化锌、锌钡白（立德粉）、钛白等
	黑色颜料	无机颜料——炭黑、松烟、石墨等
		有机颜料——苯胺黑等
	绿色颜料	无机颜料——铬绿、锌绿、铁绿等
		有机颜料——酞青绿等
	紫色颜料	无机颜料——群青紫、钴紫、锰紫等
		有机颜料——甲基紫、苄基紫等
	氧化铁颜料	天然颜料——土红、棕土、黄土等
		人造颜料——氧化铁红、氧化铁黄、氧化铁黑、氧化铁棕等
	金属颜料	铝粉（银粉）、铜粉（金粉）
防锈颜料	物理性防锈颜料	非活性——氧化铁红、铝粉、石墨
		活性——氧化锌、碱性碳酸铅、碱性硫酸铅
	化学性防锈颜料	红丹、锌铬黄、铅酸钙、锌粉、铅粉、钡钾铬黄、碱性铅铬黄
体质颜料（填料）	碱土金属盐	沉淀硫酸钡（重晶石粉）、碳酸钙（大白粉、老粉、白垩）、硫酸钙（石膏）
	硅酸盐	滑石粉（硅酸镁）、瓷土（高岭土，主要成分是硅酸铝）、石英粉、云母粉、石棉粉、硅藻土
	铝镁轻金属化合物	碳酸镁、氧化镁、氢氧化铝

3. 辅助成膜物质

辅助成膜物质包含涂料用溶剂，见表 2-2，以及水、助剂，见表 2-3 等。

表 2-2　涂料用溶剂

辅助成膜物质的类型	名称
溶剂	萜烯溶剂、石油溶剂、煤焦溶剂、酯类溶剂、酮类溶剂、醇类溶剂、醇醚类溶剂、其他溶剂

表 2-3　涂料用助剂

辅助成膜物质的类型	名称
助剂	润湿分散剂、消泡剂、乳化剂、pH 调节剂、防结皮剂、防沉淀剂、流平剂、消光剂、光稳定剂、催干剂、增塑剂、增稠剂、防腐防霉剂、成膜助剂、防冻剂

2.1.2　非固化橡胶沥青防水涂料的原材料选用

非固化橡胶沥青防水涂料的生产技术首先是原材料选用，其次是生产工艺和生产设备。

在原材料选用方面，应考虑到其产品既要有延伸性，又要有蠕变性；既要具有粘结性能，又要具有较小的内应力；既可以在干燥基面上粘结，又可以在潮湿基面上粘结。产品的固体含量应达到98%以上，并应适于在多种介质（如碱、盐、稀酸、热环境）中使用，以满足各类建筑工程的防水要求。

作为非固化橡胶沥青防水涂料的主要成膜物质，沥青材料宜选用高标号的道路重交沥青，高分子材料作为主要改性材料，主要采用丁苯、氯丁、SBS等复配而成。

作为非固化橡胶沥青防水涂料的次要成膜物质（填料），其粉体填料既能降低涂料产品的成本，又能改善产品的机械性能；其液体填料既是粉体填料溶解混合的载体，又是调节涂料产品黏性的载体，宜选用挥发物含量低、耐高温、耐低温、稠度小、液体不易迁移的产品。橡胶粉又称橡胶粉末，一般用废旧轮胎加工而成。

作为非固化橡胶沥青防水涂料的辅助成膜物质，其各类添加剂各有不同的功能，特殊添加剂加量不多，但所起作用较大，不仅对混凝土（水泥）干燥基面或潮湿基面的粘接，而且对木材、玻璃、塑管、金属等不同材质基面的粘接具有重要的作用。

2.2

基料

基料又称胶粘剂、固化剂，是建筑防水涂料中的主要成膜物质，对防水涂料和涂膜的性能起着主导性的作用。当基料成膜时，随着涂料中水分子或溶剂分子的蒸发，其溶液中的胶粘剂分子或者乳液中的聚合物微粒相互靠近而凝聚，将颜料和填充料粘结起来，附着在被涂基层表面形成均匀的连续而坚韧的防水涂膜。

基料的性质对所形成涂膜的硬度、柔性、不透水性、耐候性、耐热性、耐磨性、耐冲击性、耐水性等理化性质起着决定性的作用。防水涂膜的状态、涂料的干燥方式等亦是由基料的性质来决定的。

建筑防水涂料的品种很多，其主要成膜物质（基料）有沥青、聚合物改性沥青、合成高分子材料等几个大类。作为建筑防水涂料基料的物质，通常应具有以下特点：

（1）由于在混凝土材料的基面上涂刷防水涂料，形成均匀、无缝的防水层，方可有效地防止雨水、地下水或其他水的渗漏，故要求主要成膜物质干燥硬化后应具有良好的不透水性。

（2）因为建筑防水涂料经常应用于水泥混凝土或水泥砂浆的表面，而这些材料的表面常带有碱性，所以要求主要成膜物质应具有较好的耐碱性。

（3）建筑防水涂料所形成的涂层，尤其是屋面涂层、外墙面涂层均暴露在大气中，受到日光、雨水以及大气中其他有害物质的侵蚀。为了使防水涂层保持一定的耐久性，因此要求防水涂料的主要成膜物质具有较好的耐候性。

（4）防水涂料应适要基层的变形，故要求主要成膜物质的延伸性能良好，还应具有较好的抗拉强度。

（5）能常温成膜，这是因为建筑防水涂料是涂刷在建筑物的各个不同的部位上，庞大的建筑物不可能进行烘烤成膜，只能在常温环境中自然干燥成膜，作为建筑防水涂料的基料要求其在5℃～35℃的环境条件下能自然成膜，即能常温干燥硬化或常温下交联固化。

（6）防水涂料用量很大，故要求其主要成膜物质应资源丰富、价格便宜。

从理论上讲，凡具有一定粘合性能，而且达到防水要求的高分子材料均可以作为主要成膜物质，但从环境保护的角度出发，建筑防水涂料所使用的成膜物质大多数应是环保型产品。

2.2.1 沥青

沥青材料是含有沥青质材料的总称。沥青是一种有机胶结材料，是由多种高分子碳黑化合物及其非金属衍生物组成的复杂混合物，其中碳占总质量的80%～90%。沥青具有良好的胶结性、塑性、憎水性、不透水性和不导电性，对酸、碱及盐等侵蚀性液体与气体的作用有较高的稳定性，遇热时稠度变稀，冷却时黏性提高直至硬化变脆，对木材、石料均有着良好的粘结性能。沥青在常温下呈黑褐色或黑色固体、半固体或黏性液体，能溶于二硫化碳、氯仿、苯以及其他有机溶剂。它广泛应用于工业与民用建筑、道路和水利工程等，是建筑工程中一种重要材料。应用于防水、防潮及防腐蚀（主要防酸、防碱），是沥青基防水材料、高聚物改性沥青防水材料的重要组成材料。它的性能直接影响到防水材料的质量。

沥青材料的分类见图 2-1。

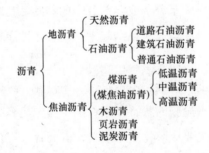

图 2-1 沥青材料的分类

根据图 2-1，沥青材料按其来源可分为地沥青和焦油沥青两大类。

地沥青按其产源又可分为石油沥青与天然沥青两种。石油沥青是从原油提炼出各种轻质油（如汽油、柴油等）及润滑油以后的残渣再经过加工而得到的副产品。天然沥青则存在于自然界，是从纯度较高的沥青湖或含有沥青的砂岩或砂中提取的，其性能与石油沥青相同。

焦油沥青俗称柏油，是指煤、木材、油田母页岩以及泥炭等有机物在隔绝空气条件下，受热而挥发出的物质，经冷凝后再经过分馏加工，提炼轻质物质后而得到的副产品。焦油沥青按原材料的不同，又可分为煤沥青（煤焦油沥青）、木沥青、页岩沥青、泥炭沥青等。

目前常用的沥青有石油沥青和煤沥青。做屋面工程用石油沥青较好，煤沥青则适用于地下防水层或用作防腐材料。通常石油沥青又可分成建筑石油沥青、道路石油沥青和普通石油沥青三种。建筑上主要使用建筑石油沥青和道路石油沥青制成的各种防水材料或在施工现场直接配制使用。煤沥青是炼焦或制造煤气时的副产品，煤焦油经分馏加工提炼出各种油质后就得到煤沥青，根据蒸馏程度的不同，煤沥青可分为低温沥青、中温沥青、高温沥青等三种沥青。

用作涂料成膜物质的沥青有天然沥青、石油沥青、煤焦沥青三类。

2.2.1.1 天然沥青

天然沥青是古代地下的石油长期受到地热、微生物等作用后逐渐形成的固定碳含量很高的树脂蜡状或胶状物。

天然沥青由沥青质和树脂组成。天然沥青有三种形式：①沥青，常发现于立岩的裂缝中，一般比较纯净而坚硬，软化点高，表面带有黑色油脂光泽，并与植物油脂有很好的相容性，是制造沥青涂料的优良原料；②天然堆积的地沥青，是与黏土和水混杂而成的乳状物，需经精制后方可使用；③埋藏于岩石或土壤中的地沥青，因含杂质较多，只能作为铺路材料。经化学成分分析表明，天然沥青的化学元素组成参见表 2-4。

表 2-4　天然沥青的化学元素组成

元素组成	C	H	S	O	N
含量（%）	83.7~85.5	10.8~13.2	1.2~5.1	0	0.1~0.4

2.2.1.2 石油沥青

石油沥青是由石油原油蒸馏出成品油后剩余的残渣经氧化制得，为多种复杂的碳氢化合物及其非金属（主要为氧、硫、氮等）衍生物组成的混合物，在常温下是黑色或黑褐色的黏稠的液体、半固体或固体，为原油加工过程的一种产品。

1. 石油沥青的化学成分及组分

1）石油沥青的化学成分

石油沥青是由性质及分子量不同的烃和烃的衍生物组成的混合物，其成分十分复杂，是很难用某一个分子式来表示的。沥青的主要成分是碳和氢，有时含有硫、氧、氮等，它们在沥青中所占的百分含量与沥青的产地、结构、加工工艺等有关。一般沥青中含碳量大致为 $70\%\sim85\%$，含氢量不超过 15%，含硫量在 5% 以下，含氧量在 2% 以下，含氮量 $1\%\sim2\%$。

沥青中各种成分的比例不同，给沥青的性质带来了很大的差异。工业上经常以沥青内碳与氢两种元素含量之比（碳氢比）作为鉴定沥青组成的一种方法。虽然碳氢比单独不能给烃混合物一个完全饱和度的描绘，但已经发现它与沥青的物理性质关系十分密切，也关系到了沥青组分的组成。

2）石油沥青的组分

石油沥青一般分为矿物油、树脂、沥青质、沥青酸酐和沥青酸等 5 个组分，表 2-5 列出了上述各组分的特性，表 2-6 则列出了其物理常数。矿物油、树脂、沥青质等前三个组分为石油沥青的主要组分。

表 2-5　沥青中各组分的特性

组分	溶解性及吸附性	其他特性	含量%	
			天然沥青	石油沥青
矿物油（油分）	溶于所有烃类，不为酸性白土所吸附	氧化聚合时生成焦油	45.1～47.6	66.0
树脂（胶质）	溶于苯，能被硅胶或酸性白土所吸附	进一步氧化和聚合生成沥青质	31.7～38.7	16.1
沥青质	溶于苯，不溶于汽油及醇类	氧化或硫化时转变为半胶质或石墨质	15.6～15.7	16
沥青酸酐	溶于苯，不溶于醇	在苯液中被碱皂化	2.0	2.0
沥青酸	溶于醇，不溶于汽油	石油沥青中含量较少	3.0～0	0

表 2-6　石油沥青各组分物理常数

组分	平均相对分子质量	相对密度	黏度形态	颜色
矿物油	100～500	0.6～1.0	黏稠液体	淡黄
树脂	300～1000	1.0～1.1	固体，易溶	黄褐
沥青质	2000～6000	1.1～1.15	固体，不溶	从褐色到黑色

（1）矿物油（油分）

油分在常温下是液体，具有润滑油的黏度，带有荧光性，其比重小于 1，油分是沥青中最轻的馏分，在 $170℃$ 下长时间加热则可以挥发，它可以采用吸附剂从沥青树脂（胶质）中抽取出来，能溶解于二硫化碳、三氯甲烷、苯、四氯化碳、丙酮等有机溶剂，但不溶于乙醇。油分是沥青具有流动性的主要因素，沥青中油分的含量大时，沥青的黏度则低，沥青中油分含量的多少，在很大程度上决定了沥青的稠度。油分可以在一定的条件下转化为胶质，甚至是沥青质。油分在沥青中的含量通常在 $10\%\sim60\%$。

（2）树脂（胶质）

胶质是半液体或半固体的黑黄色或红褐色的黏稠状物质，其比重稍大于 1，熔化温度在 100℃ 以下，能溶于苯、醚、氯仿等有机溶剂，但在丙酮内的溶解度很小，也不溶于乙醇。胶质的化学元素成分是碳 84%～85%、氢 10%～12%、氧 4%～5%、硫 0.5%～1.0%。胶质在一定条件下可以由低分子化合物转化为较高分子的化合物，以至成为沥青质和碳沥青。胶质在溶剂中能溶解形成真溶液，而不是胶体溶液，这是因为它的分子量和沥青质比起来不算大，一般小于 1000，可以用漂白土或硅胶提取出来。沥青内的胶质含量通常在 15%～30%，胶质在沥青中的含量大小影响沥青的延伸性和弹性。

（3）沥青质

沥青质呈深褐色或黑色固体，硬而脆，有光泽，比重稍大于 1，分子量由数千至数万，加热至 300℃ 以上也不会熔化，只分解为气体和焦炭，无任何馏分可得。它能溶解于苯、二硫化碳、四氯化碳、三氯甲烷等有机溶剂之中，但不溶于乙醇及石油醚。沥青质的化学成分是碳 85%～87%、氢 6%～7%、氧 6%～7.2%、硫 0.6%～0.7%。沥青质可以在某些溶剂中无限溶解而不饱和，溶解后经过蒸发浓缩可以成半固体状态，而均匀性不变。对光的感性非常灵敏，感光后具有不溶性。沥青质是沥青中重要的组成部分之一，但对它的成因和本质有待于作进一步的研究，尤其是沥青质与胶质互相之间的关系、沥青质的物理-化学性能等问题。

将沥青的化学组分划分为油质、树脂质、沥青质等三个组分是沥青化学组分的划分方法之一，现在采用较为简便的四组分法，即将沥青分为饱和分、芳香分、胶质和沥青质。饱和分和芳香分相当于油质，胶质相当于树脂质。

2. 石油沥青的分类

石油沥青有多种分类方法，通常采用按其用途分类的方法。石油沥青的分类方法详见表 2-7。

表 2-7　石油沥青的分类方法

分类方法	种类	说明
按用途分类	道路石油沥青	主要使用直馏沥青、溶剂脱沥青、半氧化沥青、调合沥青、乳化沥青、改性沥青等产品。用于铺设道路及制作屋面防水层的胶粘剂，制造防水纸及绝缘材料
	建筑石油沥青	主要使用氧化沥青、乳化沥青和改性沥青，与直馏沥青相比，氧化沥青的软化点高、针入度较小，具有更好的粘结性、不透水性和耐候性。主要用于建筑工程及其他工程的防水、防潮、防腐材料、胶结材料、涂料、绝缘材料
	专用石油沥青	主要使用氧化沥青产品，由于更加强调用途和功能，因此品种多而牌号较少，多数品种都以软化点和针入度来划分牌号，同时按使用场合提出特殊的指标要求
	普通石油沥青	适用于道路、建筑工程及制造油毡、油纸等防水材料用。由于普通石油沥青含有较多的石蜡（一般大于 5%，有的高达 20%～30%），其温度稳定性、塑性较差，针入度较大、黏性较小，一般不宜直接用于建筑防水工程上，常与建筑石油沥青掺配使用，或经脱蜡处理后使用

分类方法	种类	说明
按沥青产品在常温下的稠度分类	液体沥青	系常温下呈液体状态的沥青，一般以黏度划分为若干等级（标号）
	黏稠沥青	系常温下呈固体、半固体状态的沥青，亦称半固体沥青和固体沥青。它是由液体沥青经氧化处理加工，减少油质、增加沥青质后制得，主要包括氧化沥青、蒸馏沥青和某些残留沥青
按石油沥青加工方法分类	直馏沥青	将原油经常压蒸馏分出汽油、煤油、柴油等轻质馏分，再经减压蒸馏（残压10～100mmHg）分出减压馏分油，剩下的渣油成为沥青产品的称之为直馏沥青
	溶剂脱沥青	非极性的低分子烷烃溶剂对减压渣油中的各组分具有不同的溶解度，利用溶解度的差异可以实现组分分离，因而可以从减压渣油中除去对沥青性质不利的组分，生产出符合规格要求的沥青产品
按石油沥青加工方法分类	氧化沥青	在一定范围的高温下向减压渣油或脱油沥青吹入空气，使其组成和性能发生变化。所得的产品称之为氧化沥青。减压渣油在高温和吹空气的作用下会产生汽化蒸发，同时会发生脱氢、氧化、聚合缩合等一系列反应，这是一个多组分相互影响的十分复杂的综合反应过程，而不仅仅是发生氧化反应，但习惯上称为氧化法和氧化沥青，也有成为空气吹制法和空气吹制沥青。氧化沥青产品软化点高、针入度小，主要用作建筑沥青和专用沥青。常温下呈固体状态。半氧化法用于生产道路沥青
	合成沥青	同一原油构成沥青的四个化学组分，按质量要求所需的比例进行重新调合，所得的产品称为合成沥青或重构沥青。采用调合法生产沥青，可以用同一原油的四个化学组分作调合原料，也可以用一原油或其他原油的一、二次加工的残渣或组分及各种工业废料等来作调合组分
按原油的成分分类	石蜡基沥青	这类沥青系由含大量的石蜡基原油提炼而制得，沥青中的含蜡量一般大于5%。我国大庆油田、克拉玛依油田所产的原油为石蜡基原油，所产沥青均属于石蜡基沥青（大庆沥青含蜡量为20%左右）
	沥青基沥青	这类沥青系由沥青基石油提炼而制得，沥青中含有较多的脂环烃，含蜡质较小，一般小于2%，性能好，亦称无蜡沥青。我国广东茂名沥青即属此类沥青
	混合基沥青	这类沥青系由石蜡质介于石蜡基石油和沥青基石油之间的原油中提炼而制得，其含蜡量介于2%～5%之间，亦称少蜡沥青。我国的玉门沥青、兰州沥青等均为混合基沥青
按产地分类	玉门沥青 大庆沥青 茂名沥青 新疆沥青等	此种分类方法是依据原油的产地来命名，并进行分类

石油沥青的生产是由原油经蒸馏、溶剂沉淀、吹风氧化以及调合等基本方法生产的，通过这些工艺得到的石油沥青产品还可以作为半成品或原料进一步进行调合、乳化或改性，再制成各种性能和用途的沥青产品。

生产沥青防水涂料所用的石油沥青主要是采用建筑石油沥青。建筑石油沥青只是一个技术标准范畴内的概念，石油沥青是否应用于建筑用途，其原因是多方面的，并不是根据某一标准所决定的。按照石油沥青的用途分类，是我国工业技术部门广为采用的一种分类方法。依照这种分类方法，所谓建筑石油沥青就是针入度比较小的、软化点比较高的氧化沥青。

3. 石油沥青的主要技术性质和技术性能要求

1）石油沥青的主要技术性质

应用于建筑防水涂料主要成膜物质的石油沥青其主要技术性质有防水性、黏滞性（黏性）、塑性、温度稳定性（温度敏感性）、大气稳定性、溶解度、闪点和燃点等。黏滞性、塑性、温度稳定性、大气稳定性等四种性质是石油沥青材料的主要性质。

（1）防水性

石油沥青是憎水性材料，几乎完全不溶于水，且本身构造很密实，加之它与矿物材料表面有很好的粘结力，能紧密粘附于矿物材料表面，所以石油沥青具有良好的防水性，是建筑工程中应用很广的防水、防潮材料。

（2）黏滞性

黏滞性又称黏性，是指反映沥青材料内部阻碍其相对流动的一种特性，其反映了沥青的稠度、软硬程度。石油沥青的黏滞性是指其在外力作用下抵抗变形的性能，是沥青性质的重要指标之一。黏滞性的大小与组分及温度有关，在一定的温度范围内，当温度升高时，则黏滞性随之降低，反之则随之增大。

液态石油沥青的黏滞性用黏滞度标识，是指液态沥青在一定温度条件下，经规定直径（3.5mm 或 10mm）的孔洞漏下 50ml 所需要的时间（s），时间越长，黏滞度越大；固态或半固态沥青的黏滞性可采用针入度值来表示，是指在 25℃条件下，100g 质量的标准针，经 5s 沉入沥青中的深度（每 0.1mm 为 1 度），针入度值愈小，黏滞性愈大。

（3）塑性

塑性是指石油沥青在外力作用时产生变形而不破坏的能力，是沥青性质的重要指标之一。石油沥青的塑性与其组分有关。石油沥青中树脂含量增加，其组分含量又适当时，则塑性增大；膜层愈厚，则塑性愈大。在常温下，沥青的塑性很好，能适应建筑的使用要求。沥青对振动和冲击有一定吸收能力，塑性很好的沥青在产生裂缝时，也可能由于特有的粘塑性而自行愈合。石油沥青的塑性用延度表示，延度是指将标准试件在规定的温度（25℃）和拉伸速度（50mm/min）条件下进行拉伸，试件从拉伸到断裂所经过的距离（以 cm 表示）。延度越大，则其塑性越好。

（4）温度稳定性

温度稳定性是指石油沥青的黏滞性和塑性随温度升降而变化的性能。当温度升高时，沥青由固态或半固态逐渐软化，而最终成为液态。与此相反，当温度降低时又逐渐由液态凝固为固态甚至变硬变脆。但是在相同的温度变化间隔内，各种沥青黏滞性变化幅度是不同的，一般认为随温度变化而产生的黏滞性变化幅度较小的沥青，其温度稳定性较好。石油沥青中地沥青质含量较多者，在一定程度上能提高温度稳定性。在工程使用时，往往加入滑石粉、生石灰粉或其他矿物填料来提高温度稳定性，沥青中石蜡含量较高时，则会使温度稳定性降低。

沥青的温度稳定性用软化点来表示，即沥青受热时由固态转变为具有定性流动性膏体状态时的温度。软化点越高，温度稳定性则越好。石油沥青的脆化点也是能反映沥青温度稳定性的又一个指标，是指沥青状态随着温度从高到低的变化，而由高弹状态向玻璃体状态转变的温度，反映了沥青的低温变化能力。

(5) 大气稳定性

大气稳定性是指石油沥青在大气因素（如热、紫外线、氧气、潮湿等）长期作用下抵抗老化的性能。大气稳定性好的石油沥青则可以在长期使用中保持其原有的性能。石油沥青的大气稳定性常采用蒸发损失和蒸发后针入度比来评定。蒸发损失百分率越小及蒸发后针入度比越大，则表示其大气稳定性越好，沥青的耐久性越高。

大气稳定性的测定方法是先测定沥青试样的质量及其针入度，然后将试样放入加热损失试验专用的烘箱中，在 163℃下加热 5h，待冷却后再测定其质量及针入度。计算蒸发损失质量占原质量的百分比，即为蒸发损失；计算蒸发后针入度占原针入度的百分数，即为蒸发后针入度比。

(6) 溶解度

溶解度是指石油沥青在苯（或四氯化碳或三氯甲烷）中的溶解百分率，用以表示沥青中有效物质的含量，即纯净程度。

(7) 闪点和燃点

闪点是指液面气体与空气的混合物在规定火焰掠过时瞬闪蓝光但不燃的最低温度（以开口杯法测定）。燃点是指按闪点试验法，液面气体与空气混合物与火焰接触后可以稳定燃烧 5s 的最低温度。

闪点和燃点的高度，是保证沥青运输、贮存和加热使用等方面安全的重要指标。

2）部分石油沥青的技术性能要求

部分石油沥青的技术性能要求如下：

(1) 建筑石油沥青

以天然原油减压渣油经氧化或其他工艺而制得的，适用于建筑屋面和地下防水的胶结料、制造涂料、油毡和防腐材料等产品的石油沥青已发布了国家标准 GB/T 494—2010《建筑石油沥青》。其技术要求见表 2-8。

表 2-8　建筑石油沥青技术要求

项目		质量指标			试验方法
		10 号	30 号	40 号	
针入度(25℃，100g，5s)(1/10mm)		10~25	26~35	36~50	GB/T 4509
针入度(46℃，100g，5s)(1/10mm)		报告[a]	报告[a]	报告[a]	
针入度(0℃，200g，5s)(1/10mm)	不小于	3	6	6	
延度(25℃，5cm/min)(cm)	不小于	1.5	2.5	3.5	GB/T 4508
软化点(环球法)(℃)	不低于	95	75	60	GB/T 4507
溶解度(三氯乙烯)(%)	不小于		99.0		GB/T 11148
蒸发后质量变化(163℃，5h)(%)	不大于		1		GB/T 11964
蒸发后 25℃针入度[b](%)	不小于		65		GB/T 4509
闪点(开口杯法)(℃)	不小于		260		GB/T 267

[a]报告应为实测值。

[b]测定蒸发损失后样品的 25℃针入度与原 25℃针入度之比乘以 100 后，所得的百分比，称为蒸发后针入度比。

摘自 GB/T 494—2010

（2）重交通道路石油沥青

以石油为原料，经适当工艺生产的，适用于修筑重交通道路的石油沥青已发布了国家标准 GB/T 15180—2010《重交通道路石油沥青》。此标准适用于修筑高速公路、一级公路和城市快速、主干道等重交通道路石油沥青，也适用于其他各等级公路、城市道路、机场道面等，以及作为乳化沥青、稀释沥青和改性沥青原料的石油沥青。其技术要求见表 2-9。

表 2-9　重交通道路石油沥青

项　目		质量指标						试验方法
		AH-130	Ah-110	AH-90	AH-70	AH-50	AH-30	
针入度(25℃，100g，5s)(1/10mm)		120～140	100～120	80～100	60～80	40～60	20～40	GB/T 4509
延度(15℃)(cm)	不小于	100	100	100	100	80	报告[a]	GB/T 4508
软化点(℃)		38～51	40～53	42～55	44～57	45～58	50～65	GB/T 4507
溶解度(%)	不小于	99.0	99.0	99.0	99.0	99.0	99.0	GB/T 11148
闪点(开口杯法)(℃)	不小于	230					260	GB/T 267
密度(25℃)(kg/m³)		报告						GB/T 8928
蜡含量(质量分数)(%)	不大于	3.0	3.0	3.0	3.0	3.0	3.0	GB/T 0425
薄膜烘箱试验(163℃，5h)								GB/T 5304
质量变化(%)	不大于	1.3	1.2	1.0	0.8	0.6	0.5	GB/T 5304
针入度比(%)	不小于	45	48	50	55	58	60	GB/T 4509
延度(15℃)(cm)	不小于	100	50	40	30	报告[a]	报告[a]	GB/T 4508

[a] 报告必须报告实测值。

摘自 GB/T 15180—2010

（3）道路石油沥青

以石油为原料，经各种工艺生产的适用于修建中、低等级道路及城市道路非主干的道路沥青路面，也可以作为乳化沥青和稀释沥青原料的道路石油沥青已经发布了石油化工行业标准 NB/SH/T 0522—2010《道路石油沥青》。其技术要求见表 2-10。

表 2-10　道路石油沥青技术要求

项目		质量指标					试验方法
		200 号	180 号	140 号	100 号	60 号	
针入度(25℃，100g，5s)(1/10mm)		200～300	150～200	110～150	80～110	50～80	GB/T 4509
延度[注](25℃)(cm)	不小于	20	100	100	90	70	GB/T 4508
软化点(℃)		30～48	35～48	38～51	42～55	45～58	GB/T 4507
溶解度(%)	不小于	99.0					GB/T 11148
闪点(开口)(℃)	不低于	180	200	230			GB/T 267
密度(25℃)(g/cm³)		报告					GB/T 8928
蜡含量(%)	不大于	4.5					SH/T 0425
薄膜烘箱试验(163℃，5h)	质量变化(%)不大于	1.3	1.3	1.3	1.2	1.0	GB/T 5304
	针入度比(%)	报告					GB/T 4509
	延度(25℃)(cm)	报告					GB/T 4508

[注] 如 25℃延度达不到，15℃延度达到时，也认为是合格的，指标要求与 25℃延度一致。

摘自 NB/SH/T 0522—2010

（4）防水防潮石油沥青

由不同原油的减压渣油经加工制得的，适用于做油毡的涂覆材料及建筑屋面和地下防水的粘结材料已发布了石油化工行业标准 SH/T 0002—90（1998）《防水防潮石油沥青》。其技术要求见表 2-11。

表 2-11　防水防潮石油沥青技术要求

项目		质量指标				试验方法
		3 号	4 号	5 号	6 号	
软化点（℃）	不低于	85	90	100	95	GB/T 4507
针入度（1/10mm）		25～45	20～40	20～40	30～50	GB/T 4509
针入度指数	不小于	3	4	5	6	SH/T 0002 附录 A
蒸发损失（163℃，5h）（%）	不大于	1				GB/T 11964
闪点（开口）（℃）	不低于	250	270			GB/T 267
溶解度（%）	不小于	98	98	95	92	GB/T 11148
脆点（℃）	不高于	−5	−10	−15	−20	GB/T 4510
垂度（mm）	不大于			8	10	SH/T 0424
加热安定性（℃）	不高于	5				SH/T 0002 附录 B

摘自 SH/T 0002—90（1998）

2.2.1.3　煤焦沥青

煤焦沥青亦称煤沥青或柏油，是炼制焦炭或制造煤气时的副产品。煤沥青的化学成分和性质与石油沥青大致相同，但煤焦沥青的质量和耐久性均次于石油沥青。它韧性较差，温度敏感性较大，冬季易脆，夏季易软化，老化快，加热燃烧时，烟呈黄色，有刺激臭味并略有毒性。在受震动的工程和在冬季施工要求沥青延度大、塑性好时，不宜选用煤焦沥青，但煤焦沥青具有较高的抗微生物腐蚀作用，故适用于地下防水工程或作为防腐材料使用。

煤焦沥青分为低温沥青、中温沥青和高温沥青，建筑工程中所用的煤焦沥青多为黏稠或半固体的低温沥青。

煤焦沥青与石油沥青同属高分子化合物的混合物，它们外观相似，其化学成分和性质也大致相似，具有不少的共同点，但由于煤焦沥青所含碳氢化合物的构造和石油沥青不同，它们之间存在着某些区别。其主要的区别见表 2-12。

表 2-12　石油沥青和煤焦沥青的性能差别

性能		石油沥青	煤焦沥青
化学组成		直链烷烃为主碳氢化合物	芳香烃和环烷烃为主的碳氢化合物
相对密度		接近 1.0	1.1～1.3
气味		加热或燃烧时有松香气味，无明显刺激	加热或燃烧时有黄色烟雾放出，刺鼻
毒性		较小；远期后果较重	较重；远期后果较轻
延伸性		有一定延伸性	低温脆性较大
溶液颜色（以 30～50 倍汽油或煤油溶解，用玻棒滴在滤纸上观察）		滤纸上的斑点呈棕色	滤纸上的斑点是两同心圆环，呈外棕内黑色
溶剂溶解性	200 号溶剂油	溶	难溶
	松节油	溶	难溶
	苯	溶	部分溶解
与植物油的混溶性		良好	差
与天然沥青的相容性		良好	差

煤焦沥青的主要技术性能基本上与石油沥青相类似，但因两者成分不同，所以煤焦沥青有以下特点：

（1）由固体或黏稠态转变为液态的温度范围较窄，夏天易软化而冬天易脆裂，即温度稳定性较差。

（2）因含挥发性的成分和化学稳定性差的成分较多，故大气稳定性较差。

（3）塑性较差，容易因变形而开裂。

（4）因含有蒽、萘和酚，故有臭味和毒性，但防腐能力较强，适用于木材等防腐处理。

（5）因含表面活性物质较多，与矿物表面的粘附能力较强，用少量煤焦沥青掺入石油沥青中可以提高石油沥青与矿物表面的粘附力。

由于煤焦沥青具有上述特性，建筑工程上很少使用，有时仅用于次要工程，或用作木材防腐较好。施工中应严格控制加热温度和时间，以免变质。在贮存和施工中都应遵守有关劳动保护规定，防止中毒。

适用于高温煤焦油经加工所得的低温、中温及高温煤沥青已发布国家标准 GB/T 2290—2012《煤沥青》。其技术要求见表 2-13。

表 2-13 煤沥青技术要求

指标名称	低温沥青		中温沥青		高温沥青	
	1号	2号	1号	2号	1号	2号
软化点（℃）	30～45	45～75	80～90	75～95	90～100	95～120
甲苯不溶物含量（%）	—	—	15～25	≤25	≥24	—
灰分（%）	—	—	≤0.3	≤0.5	≤0.3	—
水分（%）	—	—	≤5.0	≤5.0	≤4.0	≤5.0
喹啉不溶物含量^2（%）	—	—	≤10	—	—	—
结焦值（%）	—	—	≥45	—	≥52	—

注：1. 水分只作生产操作中控制指标，不作质量考核依据。

2. 沥青喹啉不溶物含量每月至少测定一次。

摘自 GB/T 2290—2012

2.2.1.4 沥青部分质量指标的含义

防水涂料配方设计时，对沥青的选配使用，主要依据沥青的质量指标性能来确定，经常控制的质量指标有针入度、延度、软化点等，现将这些质量指标的含义介绍如下：

（1）针入度

不能用黏度来表示沥青材料的稠度时，常采用针入度来表示。针入度是指在一定温度和负荷下，在规定的时间里，一定形状的标准针垂直针入沥青材料的深度，以十分之一毫米为单位表示，通常采用加100g质量，在25℃的温度下，5s的时间里，标准针针入沥青内的深度；但在特殊的情况下，对一些较软的沥青可用200g质量、0℃的温度下，60s内针入沥青内的深度来表示；对于一些较硬沥青，则可以用50g质量、46.1℃的温度下，在5s内针入沥青内的深度来表示。针入度是确定沥青标号的重要指标，在设计沥青基防水涂料时就可以根据对沥青针入度的要求，选用各种标号的沥青做原料。

沥青针入度的大小反映了材料的软硬程度和塑性。一般来说，软化点高的沥青针入度则小，针入度的差别，反映出沥青性质的不同。因此，生产不同性质的沥青防水涂料则需要选用不同性能标号的沥青。

（2）延度

延度是表示沥青的塑性和延性。根据防水涂料设计的要求，沥青要有一定的塑性，如果没有塑性，所生产出的防水涂层易发脆，难以抵抗变形，甚至会发生防水涂层出现裂纹。

延度是指在一定温度下，按规定的拉伸试件尺寸和拉伸速度，将沥青拉伸成细线的长度，以 cm 为单位表示，一般标准状态是规定 25℃，沥青试件断面积是 $1cm^2$，拉伸的速度是 5cm/min。但在特殊情况下也有采用温度 0℃ 和 15℃，其断面面积和拉伸速度不变。沥青的性质是热熔、冷脆，因此，温度对沥青的物理影响非常显著，在一定的限度以内，温度升高，沥青的延度增大；温度降低，延度则变小。沥青试件的断面积对沥青的延度关系是：断面积加大，沥青的拉伸长度增加，因此，一般都规定为 $1cm^2$。拉伸速度对拉伸的长度也有影响，拉伸速度愈快，拉伸长度愈小，故标准的延伸仪都是将其拉伸速度固定在速度为 5cm/min 左右。

（3）软化点

沥青的软化点是指在规定条件下加热，沥青受热后达到一定软化变形的温度。沥青材料的软化点是沥青稠度的指标，也是确定沥青标号的主要指标。

建筑防水材料行业常用环球法来测定沥青材料的软化点，即将沥青熔化灌入规定尺寸的铜环内，上面放置规定大小和质量的钢球，用水或甘油作加热介质，并以每分钟 5℃ 的升温速度加热，沥青渐渐受热软化，由于受到钢球的压力，沥青逐渐下沉变形，当下沉达到规定的 2.54cm 时，受热介质所示的温度即为该沥青的软化点，以℃表示。

沥青软化点的高低与防水涂料生产的关系十分密切，对沥青基防水涂料的质量也有显著的影响。在生产沥青基防水涂料时，可以根据生产的要求确定沥青软化点的高低，也可以按沥青材料软化点的不同来确定生产工艺的各种有关参数。

2.2.1.5 基质沥青的选择

沥青用作建筑防水材料的原材料，已有很长的历史了。随着科学技术地迅速发展，聚合物改性沥青由于具有优良的性能，得到了大规模的推广应用。

改性沥青的性质是与基质沥青的选择是密切相关的。下面以热塑性弹性体（SBS）改性沥青为例，介绍基质沥青的选择。

SBS 改性沥青是在基质沥青中掺加少量的 SBS 热塑性橡胶，通过一定的工艺加工而成的。要生产出符合产品标准要求的改性沥青，选择基质沥青应考虑以下几个方面的因素：

（1）基质沥青应符合重交沥青的技术标准要求。选用重交通道路沥青作为非固化橡胶沥青防水涂料的基质沥青，是与其性能要求相关的（参见表 2-9）。其强调了 15℃ 延度以及蜡含量的要求。SBS 改性沥青的突出的优点就是低温延伸性能的大幅度提高，因而对基质沥青的 15℃ 延度也有比较高的要求。同时，基质沥青中的蜡含量高低和改性沥青感温性能也有直接的关系，蜡含量越高，其感温性能则越差。

（2）从改善沥青组分与改性剂相容性的角度看，应尽可能地选用较低沥青质含量和较高芳香分、胶质含量的基质沥青。我们在加工改性沥青时，并不能简单地认为只要基质沥青符合国家标准 GB/T 15180—2010《重交通道路石油沥青》时，就能采用任何一种改性剂均可达到良好的改性效果，因为在基质沥青与改性剂之间是存在着配伍性的问题。基质沥青通常所说的三大指标并不能完全反映沥青的内在组分性质，沥青材料是一种石油提炼产物，其成分相当复杂。从化学组分来说，其可以分为沥青质、胶质、芳香分、饱和分，每一个组分之间的比例关系均可直接影响到与改性剂的配伍性问题。因此，我们在选用基质沥青时，必须充分考虑到基质沥青与改性剂 SBS 的配伍性。在实际生产过程中，必须对基质沥青取样改性，考察采用不同改性剂品种、工艺条件的改性效果，从而最终选定合适的配伍以及工艺。

（3）重交通道路石油沥青六个牌号的针入度是按照 25℃、100g、5s 来区分的，应根据工程设计中要求的改性沥青等级来选择合适的基质沥青牌号。一般而言，AH-70 重交通道路石油沥青改性后，其针入度一般在 45～50 之间，故在加工改性沥青时，必须注意选用合适的基质沥青牌号。

2.2.2 聚合物改性剂

制备沥青基防水涂料的主要成膜物质是石油沥青。沥青是多种有机物的混合物，其相对分子质量（油分约 500，胶质 600～800，沥青质在 1000 以上）的平均值远低于高分子聚合物。由于达不到性能要求，故往往需要进行氧化加工处理，沥青经过氧化加工，虽然其软化点可以提高、针入度可以减小，但对沥青的延度仍不能得到更大的改善，也不能达到脱蜡的作用。为了进一步提高和改善沥青的性能，虽然可采用一些新的加工工艺，如采用调合沥青工艺，可以通过调配不同组分的沥青，得到性能较好的沥青制品，采用催化氧化工艺可以得到分子量分布范围较小而均匀的制品等，但这些工艺方法对改善沥青性能来看，都是有限度的，只能在一定范围内得到改善，尚不能满足防水工程对涂膜材料的要求。加之沥青材料的来源不同，其主要物理性能指标和稠度、塑性、温度稳定性等不同，故通常石油沥青是不能全面满足实际应用需要的。为了使沥青的平均分子相对质量能得到改变，解决沥青软化点和针入度之间的矛盾，可在沥青中引入各种聚合物改性剂，使沥青的强度、塑性、耐热性、粘结性和抗老化性能均可得到提高。如在沥青中加入橡胶是改善沥青高温性能和低温性能的重要途径之一；如加入三元乙丙橡胶进行改性，则可以改善沥青的弹塑性、延伸性、耐老化、耐高温性能；如用再生橡胶进行改性，则可以改善石油沥青的低温冷脆性、抗裂性，增加涂膜的弹性。

2.2.2.1 聚合物的特征和种类

高分子聚合物又称高分子化合物，是天然高分子和合成高分子化合物的总称，是由一种结构单元（均聚物）或几种结构单元（共聚物）用共价键连接在一起的分子量很高比较规则的连续序列所构成的。高分子聚合物是通过聚合反应而制得的，且大多数是由人工合成制得的，故称之为高分子化合物。

合成高分子聚合物的化学组成是由许多带有两个以上可反应基团（功能团）的低分子化合物（单体）组成，这类低分子化合物是通过聚合反应从而生成高分子聚合物。以聚氯乙烯为例，其是由氯乙烯结构单元重复而成的，其分子式为 $\vdash CH_2—CHCl \dashv_n$，式中的 n 为结构单元或重复单元数，称之为聚合度；结构单元亦称之为链节，如分子式中的 $—CH_2—CHCl—$。聚合度表示一个高分子中的链节数目，聚合度的大小则由原料、反应过程进行的条件，以及加工方法所决定。聚合物的分子量一般很高，可达 $10^4 \sim 10^6$；聚合物的分子量是其一个主要特性，若聚合物的分子量已经很高，再增加几个结构单元并不能显著影响其物理力学性能者，称之为高聚物。泛指的聚合物多是单体通过聚合反应形成的高聚物。若聚合物的聚合度很低，再增加几个结构单元则对其物理力学性能有明显影响者，称之为低聚物或齐聚物。许多低分子化合物均可作为合成高分子化学物的原料，因其结构不同，故其聚合的方法也不相同，常用的聚合方法有缩聚反应和加聚反应等多种方法。

高分子聚合物根据其来源，可分为天然聚合物、人工合成聚合物等多种类型；根据分子量大小的不同，可分为低聚物或齐聚物和高聚物等；根据其重复单元种类的不同，可分为均聚物和共聚物，其重复单元的种类仅为一种，称之为均聚物，分子内若含有两种或两种以上重复单元，称之为共聚物；根据聚合物生成反应或聚合物结构的不同，可分为线型聚合物、嵌段共聚物（又称镶嵌共聚物）、接枝共聚物和网状共聚物等；根据聚合物主链结构的不同，可分为碳链聚合物、杂链聚合物和元素有机聚合物等；根据高分子聚合物对热性质的不同，可分为热塑性聚合物和热固性聚合物等。

由两种以上聚合物组成的高分子共混物和高分子复合材料是一种多组分聚合物体系，近年来有了很大的发展，开拓了聚合物改性和应用的广阔领域。

聚合物是一个庞大的家族，不同结构的聚合物（由不同单体合成而得到）具有不同的性质，同样结构的聚合物相对分子质量（不同聚合度）不同时，其性能也有较大的差别。采用聚合物改性沥青是将沥青与聚合物以一定方式混合在一起的，故必须考虑其两者的相容性。因此，在改性沥青时，选择聚合物改性剂是一项技术性很强的工作，要根据所选用的基质沥青的化学组成与聚合物配伍性试验的结果而确定是否选用。

尽管聚合物的种类繁多，性能各异，但根据防水涂料对改性沥青的要求，即改善沥青高温稳定性、低温抗开裂性及抗疲劳性，故要求加入的聚合物应具有一定的机械强度和较宽的温度使用范围，即对温度不敏感性，在众多的聚合物中橡胶和热塑性弹性体、热塑性树脂则可以在不同程度上满足这些要求。

2.2.2.2　橡胶和热塑性弹性体改性剂

橡胶类改性剂即聚合物弹性体改性剂，可以显著地改善沥青的低温性能，特别是能改善沥青的低温延度，对沥青的高温性能也有一定程度的改善，这类改性剂应用较为广泛。其可分为天然橡胶、合成橡胶和再生橡胶等三类，主要品种有丁苯橡胶（SBR）、氯丁橡胶（CR）、聚苯乙烯-异戊二烯（SIR）、三元乙丙橡胶（EPDM）、丙烯酸丁二烯共聚物（ABR）等。其中应用于非固化橡胶沥青防水涂料中的沥青改性的以合成橡胶为多，主要有丁苯橡胶（SBR）、氯丁橡胶（CR）等。

热塑性弹性体改性剂又称热塑性橡胶类改性剂，是对石油沥青进行改性首选的改性剂。其与沥青有较好的相容性并可形成非常微细的分散体系，具有较好的储存稳定性，兼有较好的高温性能和低温性能，在较宽的温度范围内具有较好的弹性和加工性能。主要品种有苯乙烯-丁二烯-苯乙烯嵌段共聚物（SBS）、苯乙烯-异戊二烯-苯乙烯嵌段共聚物（SIS）等。在这类改性剂中，苯乙烯-丁二烯-苯乙烯嵌段共聚物（SBS）的应用最为广泛。

1. 丁苯橡胶（SBR）

丁苯橡胶（SBR），又称聚苯乙烯丁二烯共聚物。是由 1,3-丁二烯（CH_2＝$CH-CH$＝CH_2）和苯乙烯（C_6H_5-CH＝CH_2）进行共聚而得的一类合成橡胶品种，丁苯橡胶（SBR）见图 2-1。

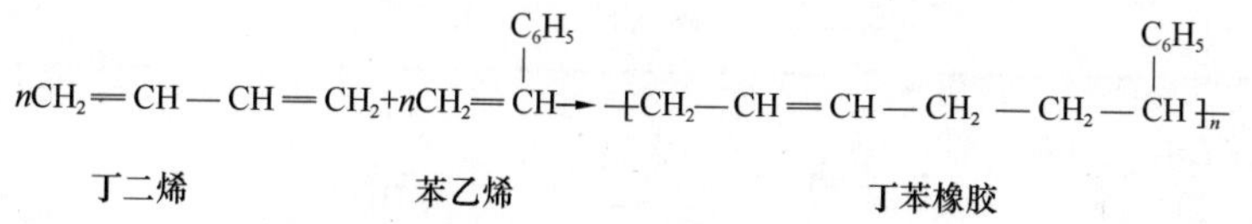

$$n CH_2\text{=}CH-CH\text{=}CH_2 + n CH_2\text{=}\overset{\overset{C_6H_5}{|}}{CH} \rightarrow \left[CH_2-CH-CH-CH_2-CH_2-\overset{\overset{C_6H_5}{|}}{CH}\right]_n$$

丁二烯　　　　　　苯乙烯　　　　　　　丁苯橡胶

图 2-1　丁苯橡胶（SBR）

丁苯橡胶其物理性能、加工性能及制品的适用性能接近于天然橡胶，有些性能如耐磨、耐热、耐老化以及硫化速度较天然橡胶更为优良，可与天然橡胶及多种合成橡胶并用。

丁苯橡胶按苯乙烯占其总量的比例不同，可分为丁苯-10、丁苯-30、丁苯-50 等规格。随着苯乙烯含量的增大，硬度、硬磨性增大，弹性降低。丁苯橡胶的综合性能较好，强度较高，延伸率大，抗磨性和耐寒性亦较好，是合成橡胶中应用最为广泛的一种通用橡胶。

丁苯橡胶按其聚合工艺的不同，可分为乳聚丁苯橡胶（ESBR）和溶聚丁苯橡胶（SSBR），以及各种化学改性的 SBR 产品。

随着材料制备技术的发展，粉末丁苯橡胶（PSBR）已经得到开发。粉末丁苯橡胶是在基于块状丁苯橡胶在某些应用领域中使用不便而研发的一种新形态的丁苯橡胶。它除了具有丁苯橡胶能改善沥青低温性能的特点外，还能明显改善沥青的高温性能，可应用于沥青改性、塑料改性以及橡胶制品、防水材料等领域。丁苯橡胶用作聚合物改性剂，在沥青材料改性领域其可以增加沥青的弹性和黏性，提高沥青的温度稳定性。丁苯橡胶的性能和结构随着苯乙烯和丁二烯的比例和聚合工艺而变化，不同黏度的丁苯橡胶对基质沥青的改性效果是不同的。

2. 氯丁橡胶（CR）

氯丁橡胶又称氯丁二烯橡胶，是由氯丁二烯（2-氯-1,3-丁二烯）为主要原料通过共聚制得的一类合成橡胶，氯丁橡胶（CR）见图 2-2。

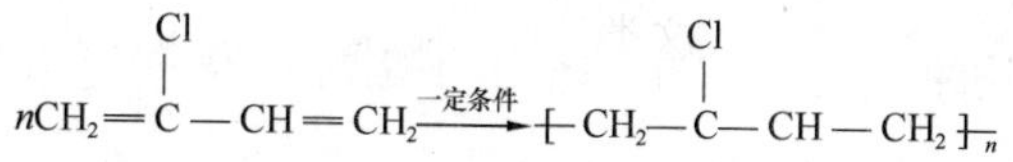

$$n CH_2\text{=}\overset{\overset{Cl}{|}}{C}-CH\text{=}CH_2 \xrightarrow{\text{一定条件}} \left[CH_2-\overset{\overset{Cl}{|}}{C}-CH-CH_2\right]_n$$

图 2-2　氯丁橡胶（CR）

氯丁橡胶呈黄米色或浅棕色，具有较高的抗拉强度和相对伸长率，耐磨性能好，且耐热、耐寒，硫化后不易老化。其性能较为全面，因而得到广泛的应用，是一种常用的改性剂。

3. 苯乙烯-丁二烯嵌段共聚物（SBS）

SBS 是一类热塑性弹性体，是以苯乙烯和 1,3-丁二烯为单体，采用阴离子聚合物制得的线型、星型嵌段共聚物及添加填充油的嵌段共聚物。苯乙烯-丁二烯-苯乙烯嵌段式聚合物，外观呈白色，质轻多孔，在低于聚苯乙烯组分的玻璃化转变温度时是坚韧的高弹性材料，而在较高温度下，又成为接近线型聚合物的流体状态。其既具有橡胶的弹性性质，又具有树脂的热塑性性质，因而具有弹性好、抗拉强度高、低温变形性能好等优点，可提高沥青的高温稳定性和低温抗裂性。

SBS 的技术性能要求见表 2-14。

表 2-14 SBS 的技术性能要求

项目		挥发分，% ≤	灰分，% ≤	300%定伸应力，MPa ≥	拉伸强度，MPa ≥	扯断伸长率，% ≥	扯断永久变形，% ≤	硬度，邵尔 A ≥	熔体流动速率，g/10min
SBS 1401	优等品	0.50		4.0	26.0	780	50		
	一等品	0.70	0.20	3.5	24.0	730	55	85	M±30%M
	合格品	1.00		3.0	20.0	680	60		
SBS 4402	优等品	0.50		4.0	28.0	700	45		
	一等品	0.70	0.20	3.5	26.0	650	50	90	M±30%M
	合格品	1.00		3.0	22.0	550	55		
SBS 4452	优等品	0.50		1.6	16.0	1000	40		
	一等品	0.70	0.20	1.4	14.0	950	45	62	M±30%M
	合格品	1.00		1.2	12.0	850	50		
SBS 4303	优等品	0.50		2.6	15.0	660	20		
	一等品	0.70	0.20	2.2	13.0	620	25	80	—
	合格品	1.00		1.8	10.0	550	30		

注：M 为生产厂和用户商定值。

摘自 SH/T 1610—2001

SBS 的命名采用四位数字来表示：第一位 1 表示线型、4 表示星型；第二位表示 S 和 B 的比例，3 为 30：70，4 为 40：60；第三位表示是否充油，0 为非充油，5 为充油；第四位表示相对分子质量的大小，1 为不大于 10 万，2 为 14 万~26 万，3 为 23 万~28 万。

SBS 高分子链具有串联结构的不同嵌段，即塑性段和橡胶段，形成了类似合金的组织结构，这种热塑性弹性体具有多相结构，每个丁二烯链段（B）的末端都连接一个苯乙烯嵌段（S），若干个丁二烯嵌段偶联则形成线型或星型结构。

SBS 的性能不同于其他橡胶的性能，它在常温下不需要硫化就可以具有很好的弹性，当温度升到 180℃以上时，它可以变软、熔化，易于加工，而且具有多次的可逆性。

由于 SBS 的两相分离结构，使得它具有两个玻璃化温度，即中基聚丁二烯的−80℃和端基聚苯乙烯段的 100℃。SBS 与沥青在热状态下相容后，端基软化并流动，中基吸收沥青中的油分形成体积大许多倍的海绵状材料，当改性沥青冷却后，端基硬化且物理交联，中基嵌段进入具有弹性的三维网络之中。这种改性剂生产的改性沥青，在拌和温度下网络结构消失，有利于拌和施工，而在基面适用温度下为固体，产生高拉伸强度和高温下的抗拉伸能力，从而使改性沥青具有很好的使用性能。

SBS 改性沥青的分散性和稳定性，在很大程度上将取决于苯乙烯在沥青中的分散及稳定状况。如果苯乙烯嵌段在沥青中分散得比较均匀，且比较稳定的话，那么改性效果就会很显著。将SBS均匀分散在沥青中，能够大幅度降低沥青的温度敏感性，一方面使沥青的软化点提高，在高温环境下不软化，另一方面使沥青的脆点降低，在低温环境下不发脆，具有柔韧性。

不同结构的SBS对沥青的改性效果是不同的。星型的改性效果最好，但在加工性能方面，线型要比星型加工容易得多。SBS的改性效果除了与SBS的结构相关外，还与SBS的分子量相关，分子量越大，改性效果越明显，但其加工则稍显困难。

不同掺量的SBS对沥青的改性效果也是不同的。有关专家对SBS剂量对改性沥青性能的影响所作的试验表明，随着SBS掺量的增加，其沥青改性的效果也随之增大，针入度减小，软化点升高，延度增大，但当SBS掺加到一定百分比时，改性沥青各项性能指标增加的幅度则会明显变小，当SBS继续增加掺入量后，其改性效果的变化则不明显。因此，我们在配方设计时，要根据改性效果的实际情况，选择适当的掺入量，以到达沥青改性的最佳效果，满足橡胶沥青防水涂料的使用要求。

4. 橡胶粉

橡胶粉是橡胶粉末的简称，是指采用废旧轮胎经粉碎加工处理而得到的一类粉末状橡胶材料。根据废旧轮胎的粒径大小，可将其分为三类：粗胶粉为0.425mm（40目）以上，细胶粉为0.180～0.425mm（40～80目）、微细胶粉为0.075～0.180mm（80～200目）；根据生产原料的不同，可将其分为不同的级别：A级（以汽车废轮胎面橡胶为原料生产的硫化胶粉）、B级（以汽车斜交胎整胎为原料生产的硫化胶粉）、C级（以汽车子午胎整胎为原料生产的硫化胶粉）、D级（以低速轮胎为原料生产的硫化胶粉）。产品广泛应用于防水涂料、防水卷材、公路改性沥青橡胶制品等领域，常采用的加工方法有常温粉碎法、冷冻法、常温化学法等多种。

橡胶粉是一种粉粒状材料，胶粉的比表面积（粒子尺寸）、表面形态、基团和自身的成分对其使用性能的影响十分重要，胶粉越细，其性能越好，使用时溶解速度越快。

废橡胶可以脱硫进行再生做成再生橡胶，也可以把废橡胶磨成粉状后，再掺到高温的沥青中去，起着填充和改性沥青功能的作用。胶粉改性沥青质量的好坏，主要取决于混合时温度、橡胶的种类以及细度、沥青的种类等。废胶粉加入到沥青中去后，可以明显地提高沥青的软化点温度，降低沥青的脆点温度。废胶粉与沥青共混，是两种不同的物理过程，废胶粉实际上并不是在沥青中溶化，而仅仅是溶胀，随着胶粉粒子的增多，溶胀的胶粉可以互相接触而成为网状，随着胶粉加入量的增加，废胶粉改性沥青的黏度增大就比较快。

2.2.2.3 热塑性树脂改性剂

热塑性树脂是改性沥青选用的另一类改性剂，这一类改性剂的优点是它与沥青易分散，可以增加沥青的劲度，可以抵抗矿物油的侵蚀；其缺点是热储存稳定性差。因此，这类聚合物改性沥青适用于现场直接拌和。热塑性树脂在沥青中的溶解度与树脂的分子量有关，相对分子质量越大，改性沥青的软化点提高约明显，但沥青与树脂的溶解时间则增长，也需要更有效的分散设备。作为改性剂，热塑性共聚物使用广泛，这类聚合物可以改善沥青在动态荷载下抗塑性变形能力和抗疲劳能力。热塑性树脂主要有聚乙烯（PE）、乙烯-醋酸乙烯共聚物（EVA）、聚苯乙烯等。在防水涂料应用于沥青改性的主要是PE。

聚乙烯（PE）其分子主要以线型结构排列。聚乙烯有高密度聚乙烯（HDPE）和低密度聚乙烯（LDPE）之分。HDPE是在低压下（0.1～0.5MPa），在有机金属催化剂存在的条件下合成的，密度为0.94～0.96g/cm³，又称为低压聚乙烯；LDPE是在高压下（130～250MPa）合成的，密度为0.91～0.92g/cm³。PE材料的化学性质稳定，在常温、常压条件下几乎没有溶剂就可以溶解，在140℃左右可以比较容易的熔化在沥青中，是一种典型的热塑性材料。PE改性沥青的混溶温度比橡胶沥青的混溶温度低许多，因为一般PE的软化点在150℃左右。PE改性沥青的低温柔性一般比橡胶改性沥青要差，但其对软化点的影响比橡胶改性沥青更明显。PE在氧化沥青中间也可以比较好的溶解，这一点和SBS、SBR等橡胶类改性沥青不一样。

2.2.3 改性沥青和聚合物改性沥青

用作建筑防水涂料主要成膜物质的沥青应具备较好的综合性能，如在高温环境中要有足够的强度和热稳定性，在低温环境中则应具有良好的柔韧性，在加工和使用条件下应具有抗老化能力，并应与各种矿物质材料具有良好的粘结性，但沥青自身不能完全满足这些要求，为此，常采用多种方法来对沥青进行改性，以满足防水涂料产品的使用要求。

改性沥青的技术方法参见图2-2。

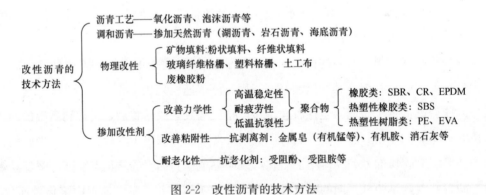

图 2-2 改性沥青的技术方法

2.2.3.1 矿物填充料改性

在沥青材料中加入一定数量的矿物填充料，则可以提高沥青的黏滞性和耐热性，提高沥青的温度稳定性，同时也可以减少沥青的用量。常用的矿物填充料有粉状和纤维状等两类。粉状填充料有滑石粉、石灰石粉、白云石粉、磨细砂、粉煤灰和水泥等；纤维状填充料有石棉粉等。

粉状矿物填充料加入沥青中后，由于沥青对其表面的浸润、粘附，使之形成大量的结构沥青，从而提高了沥青的温度稳定性和大气稳定性；纤维状矿物填充料加入沥青中后，由于石棉具有弹性以及耐酸、耐碱、耐热性能，其内部又有很多微孔，吸油（沥青）量大，从而提高了沥青的拉伸强度和耐热性。

2.2.3.2　聚合物改性沥青

聚合物改性沥青是指在沥青中均匀地掺入橡胶、合成树脂等分子量大于沥青本身分子量的有机高分子聚合物作改性剂而制得的一类沥青混合物产品。聚合物改性沥青比普通沥青具有更好的耐高低温性能和耐老化性能。聚合物改性沥青的性能特点及常用聚合物种类及对聚合物的要求见表 2-15。

表 2-15　聚合物改性沥青的性能特点及常用聚合物种类及聚合物的要求

性能特点	常用聚合物种类	对聚合物的要求
1. 温度敏感性降低，塑性范围扩大，一般为 −20℃～100℃；橡胶含量在 10％以上时，塑性范围可达 −20℃～130℃ 2. 热稳定性提高，在 100℃下加热 2h，不会产生软化和流淌现象 3. 冷脆点降低，低温性能改善，低温下仍有较好的伸长性和柔韧性 4. 弹性和伸长率较高，强度好，能抗冲击，耐磨损 5. 耐久性好，橡胶沥青比未改性的纯沥青耐老化性至少高一倍	主要可分为橡胶和树脂两大类，也有橡胶与树脂共同用于沥青改性的。使用最普遍的 SBS 橡胶和 APP 树脂两种，此外还有丁苯橡胶、氯丁橡胶、聚乙烯等	1. 与沥青有良好的相容性 2. 加入少量聚合物后对熔融沥青的黏度影响不大 3. 聚合物的结构能有效地改善沥青的低温脆性、感温性等性能

1. 弹性体（SBS）改性沥青

弹性体改性沥青是指以苯乙烯-丁二烯-苯乙烯（SBS）热塑性弹性体作为改性剂制得的一类聚合物改性沥青，简称 SBS 改性沥青。SBS 在常温下具有橡胶的弹性，在高温下又能像橡胶、塑料那样熔融流动，成为可塑材料。所以采用 SBS 改性剂改性的沥青具有热不粘、冷不脆、塑性好、抗老化性能佳的特性，是目前应用量最大的改性沥青。其掺量一般为 5％～10％。适用于以苯乙烯-丁二烯-苯乙烯（SBS）热塑性弹性体为改性剂制得的，用于防水卷材和防水涂料的改性沥青（简称 SBS 改性沥青）已发布了国家标准 GB/T 26528—2011《防水用弹性体（SBS）改性沥青》。其产品的技术性能要求见表 2-16。

表 2-16　防水用弹性体（SBS）改性沥青的技术性能要求

序号	项目			技术指标	
				Ⅰ型	Ⅱ型
1	软化点（℃）		≥	105	115
2	低温柔度（无裂纹）（℃）			−20	−25
3	弹性恢复（％）		≥	85	90
4	渗油性	渗出张数	≤	2	
5	离析	软化点变化率/％	≤	20	
6	可溶物含量（％）		≥	97	
7	闪点（℃）		≥	230	

摘自 GB/T 26528—2011

2. 塑性体改性沥青

塑性体改性沥青是指以无规聚丙烯（APP）或非晶态聚 α-烯烃（APAO、APO）为改性剂制得的一类聚合物改性沥青，简称 APP 改性沥青。无规聚丙烯（APP）在常温下为白色橡胶状物质，无明显的熔点，APP 改性剂掺入沥青中，可使沥青的性能得到改善，具有良好的弹塑性、低温柔韧性、耐冲击性和抗老化性能。此类产品已发布国家标准 GB/T 26510—2011《防水用塑性体改性沥青》。其技术性能要求见表 2-17。

表 2-17　防水用塑性改性沥青的技术性能要求

序号	项目			技术指标	
				Ⅰ型	Ⅱ型
1	软化点（℃）		≥	125	145
2	低温柔度（无裂纹）（℃）			−7 通过	−15 通过
3	渗油性	渗出张数	≤	2	
4	可溶物含量（%）		≥	97	
5	闪点（℃）		≥	230	

摘自 GB/T 26510—2011

3. 聚合物改性道路沥青

适用于以热塑性弹性体（SBS）、丁苯橡胶（SBR）、乙烯-醋酸乙烯共聚物（EVA）、聚乙烯（PE）为改性外掺材料制得的聚合物改性沥青，此类产品已发布了石油化工行业标准 SH/T 0734—2003《聚合物改性道路沥青》。其物理性能见表 2-18。满足此标准系列指标的其他聚合物改性沥青可参用此标准。

表 2-18　聚合物改性道路沥青的物理性能

项目	SBS类（Ⅰ类）				SBR类（Ⅱ类）		EVA、PE类（Ⅲ类）				试验方法
	Ⅰ-A	Ⅰ-B	Ⅰ-C	Ⅰ-D	Ⅱ-A	Ⅱ-B	Ⅲ-A	Ⅲ-B	Ⅲ-C	Ⅲ-D	
针入度（25℃，100g，5g）（1/10mm）	100～150	75～100	50～75	40～75	≥100	≥80	≥80	≥60	≥40	≥30	GB/T 4509
针入度指数[a]（PI）	报告										
延度（5℃，5cm/min）（cm）＞	50	40	30	20	60	50					GB/T 4508
软化点（℃）＞	45	50	60	65	45	48	51	54	57	60	GB/T 4507
黏度[b]（135℃）（Pa·s）	＜3				＞0.3		0.15～1.5				SH/T 0739
闪点（开口杯）（℃）＞	230				230		230				GB/T 267
溶解度[c]（%）≥	99				99						SH/T 0738
离析（软化点差）（℃）	≤2.5						无改性剂明显析出、凝聚[d]				SH/T 0740
弹性恢复（25℃）（%）≥	65	70	75	80							SH/T 0737
粘韧性（N·m）	≥5										SH//T 0735

续表

项目		SBS 类（Ⅰ类）				SBR 类（Ⅱ类）		EVA、PE 类（Ⅲ类）				试验方法
		Ⅰ-A	Ⅰ-B	Ⅰ-C	Ⅰ-D	Ⅱ-A	Ⅱ-B	Ⅲ-A	Ⅲ-B	Ⅲ-C	Ⅲ-D	
韧性（N·m）						≥2.5						SH/T 0735
旋转薄膜烘箱后e	质量损失（%）≤	1.0										SH/T 0739
	针入度比（25℃）（%）>	50	55	60	65	50	55	50	55	58	60	GB/T 4509
	延度（5℃，5cm/min）（cm）>	30	25	20	15	30	20					GB/T 4508

a 针入度指数由实测15℃、25℃、30℃等不同温度下的针入度按式 $\lg P = AT + K$ 直线回归求得参数 A 后。以下式求得：$PI =$（20 −500A）/（1＋50A），该经验式的直线回归的相关系数 R 不得低于 0.997。

b 如果生产者能保证沥青在泵送和施工条件下安全使用，135℃黏度可不作要求。

c GB/T 11148《石油沥青溶解度测定法》可以替代 SH/T 0738—2003《聚合物改性沥青1,1,1-三氯乙烷溶解度测定法》，但必须在报告中注明；仲裁试验用前者。EVA、PE 类（Ⅲ类）改性沥青对溶解度不作要求；SBS（或 SBR）改性沥青中如加入 PE 等三氯乙烷不溶物后，则不得称为 SBS（或 SBR）改性沥青，其溶解度指标按照具体工程上的技术要求处理。

d 定性观测法见 SH/T 0740—2003《聚合物改性沥青离析试验法》的附录 A。

e 老化试验以旋转薄膜烘箱试验（RTFOT）为准，允许以薄膜烘箱（TFOT）代替，但必须在报告中注明，且不得作为仲裁试验。

摘自 SH/T 0734—2003

4. 高粘高弹道路沥青

高粘高弹道路沥青是指黏度（60℃）大于 20000Pa·s、弹性恢复（25℃）大于 85% 的一类石油沥青。适用于以重交通道路沥青或以石油为原料经常减压工艺生产的减压渣油为原料，以沥青改性工艺生产的 2 个牌号的高粘高弹道路沥青，适用于道路应力吸收层、桥面铺装和排水性路面用的高粘高弹道路沥青，现已发布了国家标准 GB/T 30516—2014《高粘高弹道路沥青》。

此标准将高粘高弹道路沥青根据用途划分为两个牌号：AVE-1 用于排水性路面和桥面铺装；AVE-2 用于应力吸收层。A 代表沥青，为沥青英文单词 asphalt 的首个字母；V 代表黏度的英文单词 viscosityde 的首个字母；E 为弹性英文单词 elasticity 的首个字母。其产品的技术要求见表 2-19。

表 2-19 高粘高弹道路沥青的技术要求

项目		单位	质量指标		试验方法
			AVE-1	AVE-2	
针入度（25℃，5s，100g）		1/10mm	40～80	60～100	GB/T 4509
延度（5cm/min，5℃）		cm	≮20	≮30	GB/T 4508
延度（5cm/min，15℃）		cm	报告	报告	GB/T 4508
软化点（环球法）		℃	≮70	≮75	GB/T 4507
黏度（60℃）		mm²/s	≮20000	≮20000	SH/T 0557
黏度（135℃）		Pa·s	报告	报告	SH/T 0739
弹性恢复（25℃）		%	≮85	≮85	SH/T 0737
离析（软化点差）a		℃	≯2.5	≯2.5	SH/T 0740
闪点（开口杯）		℃	≮230	≮230	GB/T 2567
粘韧性（25℃）		N·m	—	报告	SH/T 0735
韧性（25℃）		N·m	—	报告	SH/T 0735
薄膜烘箱试验（163℃，5h）	质量变化	%	≯1.0	≯0.6	GB/T 5304
	针入度比 25℃	%	≮65	≮60	GB/T 4509
	延度 5℃	cm	≮15	≮20	

a 产品为现场制作和桶装时可不作要求，也可以在满足运输施工要求的情况下，由供需双方商定。

摘自 GB/T 30516—2014

2.3

体质颜料（填料）

体质颜料（填料）是涂料的次要成膜物质。

体质颜料（填料）是一些白色或彩色的微细粉末状态的物质，不溶于水、油及溶剂介质等，但能均匀地分散在涂料介质中，与基料溶液混合经研磨分散后涂于物体表面，能形成不透明颜色色层，并能遮盖基底。颜料能赋予涂膜各种特殊性能，如遮盖力、力学性能、耐久性能、防腐性能与防锈性能等。

体质颜料（填料）品种繁多，有多种分类方法，按其来源可分为天然颜料和合成颜料；按其化学成分可分为有机颜料和无机颜料两大类。

制造有色涂膜主要使用着色颜料，但是由于体质颜料价格便宜，常与着色力高或遮盖力强的着色颜料配合制造色漆，以降低成本。

体质颜料（填料），是指被填充于其他物体中的一类物料。在涂料中使用体质颜料（填料），主要作用是：①在涂料中起骨架、填充作用，增加涂膜的厚度，使漆膜丰满坚实；②一些体质颜料（填料）本身密度小、悬浮力好，可以防止密度大的颜料沉淀；③可调节涂料的流变性能，如增稠等；④有些体质颜料（填料）还可以提高涂膜的耐水性、耐磨性和稳定性；⑤调节涂膜的光学性能，改变其外观，如消光等；⑥对涂膜的化学性能起到辅助作用，如增强防锈、抗湿、阻燃性等。

体质颜料（填料）的用量对涂料的硬度、黏度、柔软性、耐久性、施工厚度和成本具有很大的影响。

各种体质颜料（填料）按筛目细度可分为 200 目、325 目，400～500 目，以及超细（如 2500 目）等规格。

在非固化橡胶沥青防水涂料组分中，各种体质颜料（填料）按其状态的不同，可分为粉体填料和液体填料两大类。

2.3.1 粉体填料

粉体填料是和着色颜料一样不溶于基料和溶剂一类的固体微细粉末，加入涂料中对涂膜没有起着色作用。由于这些填料的折光率低（小于 1.7），多与涂料中做成涂膜物质的油、树脂接近，将其放入涂料中的既不能阻止光线的透过，也不能给涂膜添加颜色，但能影响涂料的流动特性以及涂膜的力学性能、渗透性、光泽和流平性等，能增加涂膜的厚度和体质以及耐久性，故称之为粉体填料。

1. 石棉粉

石棉粉是将石棉粉碎，经风飘离而成的细粉，是一类纤维状镁、铁、钙、钠的硅酸盐矿物，外观呈黄绿色或白色，分裂成絮状时呈白色，丝娟光泽，纤维富有弹性，化学性质不活泼，具有耐酸、耐碱和耐热性能。石棉可分为温石棉和青石棉两类。温石棉是镁的硅酸盐，纤维强度和挠性较大；青石棉性脆。涂料中使用的主要是青石棉，因其纤维状结构能极大地提高涂料的拉裂能力，主要用于厚质防水涂料。

2. 瓷土

瓷土又称高岭土，是各种花岗岩、片麻岩风化后的产物。它含有结晶水的硅酸铝分子式，用 $Al_2O_3 \cdot SiO_2 \cdot nH_2O$ 表示。其产品为细微的鳞片或柱状晶体结构，常在溶剂涂料中用作填料，但其用量不可太多，因为它的颗粒细，用量过多时对涂料的流动特性有不好的影响，但它能阻止颜料在贮存过程中发生沉降现象。瓷土还有消光作用。

3. 石英粉

石英粉是由天然石英石或硅藻石除去杂质后，经湿磨或干磨、水漂或风飘而制成的粉状物料，主要成分为 SiO_2，系结晶型粉末。其结构为三方晶系，常成六方柱和六方双锥形晶体。其性能较稳定、耐酸、耐磨、吸油量小，不溶于酸，但能溶于碳酸钠中。其缺点是不易研磨，容易沉底。常在耐酸和耐磨涂料中作为填料使用。

4. 碳酸钙

碳酸钙（$CaCO_3$）是一种无臭无味的白色粉末。其可分为轻质碳酸钙和重质碳酸钙两种，为应用最广的一种填料。

轻质碳酸钙是由天然石灰石加工而得。现将石灰石经过煅烧成为氧化钙后，配成石灰乳的悬浮液，再通入 CO_2 以沉淀成碳酸钙，将沉淀物进行过滤、干燥和粉碎即为成品。轻质碳酸钙颗粒细，不溶于水，有微碱性，不宜与不耐碱性的颜料共用，在建筑防水涂料中大量用作填料。

重质碳酸钙又称石粉、大白粉等，因加工不同又可分为三飞石粉、二飞石粉、水磨石粉等，为石灰石粉末。将矿石经选后进行破碎，然后干磨或湿磨加工成粉，再经过滤、干燥及粉碎等工序制成。其质地粗糙，密度较大，难溶于水，溶于酸而放出二氧化碳。可用作建筑防水涂料的填料。

碳酸钙是一种微溶性物质，在防水涂料中选用碳酸钙的作用有类似选用石英粉的地方，所不同的是，碳酸钙是一种弱极性物质，在聚合物水泥防水涂料成型时有一定的活性作用，这主要体现在弱缓冲性上，可调节 pH 值，从而调节水泥的水化速度及防水涂膜的成型过程。经相关科技人员研究发现，如用碳酸钙代替石英粉，其成型的防水涂膜硬度、拉伸强度会比石英粉的高，断裂伸长率则会比用石英粉的略低。

5. 滑石粉

滑石粉（$3MgO \cdot 4SiO_2 \cdot H_2O$）是由滑石块、皂石、滑石土、纤维滑石、石棉绿石等含有不同数量纯质矿物滑石的石材，经挑选后压碎和研磨而制成的粉状物质。滑石粉呈白色，是片状和纤维状两种结构形态的混合物。纤维状的结构能对涂膜起到增强作用，增加涂膜的柔韧；而片状的结构则可以提高涂膜的屏蔽效果，能减少水分对涂膜的穿透性。滑石粉还可以改善涂料的施工性能，因此滑石粉可以广泛地应用于各种涂料之中。但由于滑石矿质质量各不相同，其伴生矿物成分也不同，加工工艺也有差异，因此滑石粉可分为几个品种，涂料应用的一般均为涂料级滑石粉，高级涂料应使用微细滑石粉。用作涂料的滑石粉要求含杂质尽量少，在建筑防水涂料中加入少量的滑石粉能防止颜料沉淀、涂料流挂，并能在涂膜中吸收伸缩应力，避免和减少发生裂缝和空隙现象。

6. 硅灰石粉

硅灰石是一种天然矿石，即偏硅酸钙（$CaSiO_3$），其理论组成是 $48.3\%CaO$ 和 $51.7\%SiO_2$。硅灰石粉适用于涂料，能使白色涂料具有明亮的色调，并能作为涂料的平光剂、悬浮剂、增强剂。硅灰石粉应用于乳胶涂料中，可代替 $10\%\sim40\%$ 的钛白粉，因此硅灰石粉可作为建筑涂料中的部分白色颜料。

7. 膨润土

膨润土的主要矿物成分是以蒙脱石为主的黏土岩，经过有机介质处理和改性后的膨润土被称之为"有机膨润土"。膨润土可用于体质颜料，在有色涂料制造中，作为防沉淀剂使用。

膨润土具有较强的吸湿性和膨胀性，可吸附 $8\sim15$ 倍于自身体积的水量，体积膨胀可达数倍至数十倍。在水介质和烃类溶剂中能分散成溶胶状和相对稳定的悬浮体，能显著地影响涂料的黏度、润滑性和触变性，对各种气体、液体和有机物质有一定的吸附能力，最大吸附量可达自身的 5 倍。

8. 绢云母粉

绢云母属于云母类矿物，是一种片状细粒白云母。绢云母的化学组成与高岭土相近，又具有黏土矿物的某些特性，即在水介质及有机溶剂中分散悬浮性好、色白粒细、有黏性等。因此，绢云母兼具云母类矿物和黏土类矿物的多种特点，应用于涂料中，可以提高涂膜的耐候性、抗透水性、增强涂膜与基质附着力和涂膜强度，改善涂膜的表观，同时染料粒子易进入绢云母的晶格层间，从而保持颜料长久不褪色。绢云母粉能有效地防止紫外线的穿透而提高涂膜的耐候性，而且它还具有优良的耐热性和耐碱性、耐酸性，能提高涂膜的耐晒、耐化学药品性能，同时增加了涂膜的坚硬和韧性，改进涂膜的抗透水性，有助于提高涂膜的抗冻性及涂膜对湿度和湿度变化引起的伸缩的抵抗力，能提高涂膜的耐污染性。绢云母是一种不可多得的优质多功能填充料。

2.3.2　液体填料

为了满足非固化橡胶沥青防水涂料施工对其运动黏度等提出的要求，故在涂料制备之时，加入一定量的液体填料。常用于非固化橡胶沥青防水涂料中的液体填料有橡胶油、植物油、芳烃油等。

1. 橡胶油

橡胶油是橡胶类制品在生产过程中加入的一类能够显著地改善橡胶理化性能和加工性能的特定的石油产品。

橡胶油可分为石油系橡胶油、松油系橡胶油、煤焦油系橡胶油以及脂肪油系橡胶油等四大类，其中石油系橡胶油是储存量最大且最容易加工的一类橡胶油，其增塑效果好、成本低。

石油系橡胶油按其矿物油的分子结构和组成的不同，可分为石蜡基橡胶油、环烷基橡胶油和芳香基橡胶油。

按橡胶油使用对象的不同，可分别称作橡胶填充油、橡胶操作油及橡胶软化剂。在合成橡胶生产过程中加入橡胶油，称之为橡胶填充油，如制造充油丁苯橡胶（SBR）和充油苯乙烯-丁二烯-苯乙烯嵌段共聚物（SBS）热塑性弹性体所加入的油；在橡胶制品生产过程中加入的油成之为橡胶操作油或橡胶加工油；由于橡胶本身的硬度较高，若再加入其他填料或骨架材料，胶料的硬度会更高，若在胶料中加入一定量的橡胶油，生产出来的橡胶制品则柔软而具有良好的弹性，从这种性能上来讲，这时的橡胶油又可称之为橡胶软化剂。

2. 植物油

植物油是由脂肪酸和甘油化合而成的一类天然高分子化合物，其是以富含油脂的植物种子、果肉、胚芽等部分为原料，经清理除杂、脱壳、破碎、软化、轧坯、挤压膨化等预处理后，采用机械压榨或溶剂浸出法工艺，从中提取所得的粗油，再经精炼后获得的油脂，如花生油、豆油、亚麻油、蓖麻油、菜籽油等。植物油的主要成分是直链高级脂肪酸和甘油生成的酯。

植物油按其性状可分为油和脂两大类。在常温下为液体的，称之为油，常温下为固体和半固体的，称之为脂；按其用途不同可分为食用植物油脂和工业用植物油脂等两大类。

工业用植物油脂其用途十分广泛，是油漆、肥皂、油墨、橡胶、制革、纺织、蜡烛、润滑油、合成树脂、化妆品以及医药等工业品的主要原料。

3. 芳烃油

芳烃油也称为芳香烃或芳烃，是指渣油经催化、裂化等一系列反应后得到的，主要由烷烃、环烷烃和芳香烃等组成的，芳香烃的碳原子数占 35％以上的，具有闪点高、挥发性和污染性小等特点的一种石油系增塑剂产品。

芳烃油的主要作用是改善橡胶的加工性能，帮助胶料中填充剂的混合和分散，降低胶料的黏度和混炼能耗，调整硫化胶的物理机械性能，并对橡胶有很好软化、增塑作用，可广泛应用于天然橡胶和合成橡胶为原料的橡胶制品，也可用作橡胶填充油和橡胶操作油。适用于天然橡胶、丁苯橡胶、顺丁橡胶及其复合配方，与其相容性好，对胶料的压延性和挤出加工有良好的作用。

2.4

添加剂

　　添加剂是涂料的辅助成膜物质，添加剂能够提高非固化橡胶沥青防水涂料产品的质量和应用效果，加入少量添加剂即可改变涂料产品的理化性能和功能。涂料是一类多种材料的组合体，为了更好地发挥添加剂的作用，一定要注意添加剂的整体匹配性，尤其应注意以下几个方面的问题：①添加剂与基料之间的相容性问题；②各类添加剂之间的协调性问题；③所采用的各类添加剂协调涂料性能要求之间矛盾的平衡性问题。

　　生产非固化橡胶沥青防水涂料所采用的特殊添加剂随其掺加量不多，但其具有重要的意义：①有利于提高非固化橡胶沥青防水涂料和潮湿基面的粘接；②有利于促进非固化橡胶沥青防水涂料各组分之间的相容性；③有利于提高非固化橡胶沥青防水涂料的耐低温性能。

　　1. 增塑剂（增韧剂、软化剂）

　　增塑剂又称增韧剂、软化剂，是用于增加涂膜柔韧性的一种涂料助剂。对于某些本身是脆性的涂料基料来说，要获得具有较好的柔韧性和其他机械性能的涂膜，增塑剂是必不可少的。增塑剂通常是低分子量的非挥发性有机化合物，但某些聚合物树脂也可作增塑剂，具有增塑作用的树脂也称之为增塑树脂，如醇酸树脂常用作氯化橡胶和硝酸纤维素涂料的增塑树脂。无论增塑剂还是增塑树脂都必须与被增塑的树脂有较好的混溶性。

　　增塑剂的增塑作用是通过降低基料树脂的玻璃化温度而实现的。玻璃化温度是树脂由硬脆的固体状态（玻璃态）转变为橡胶状的高弹体状态（高弹态）的温度。增塑剂通常可分为两类：一类是主增塑剂（溶剂型增塑剂），另一类是助增塑剂（非溶剂型增塑剂）。

　　主增塑剂如基料树脂的溶剂，它的某些基团能与树脂中的某些基团产生相互作用，因而主增塑剂和树脂能互相混溶。由于主增塑剂的分子较小，它能进入树脂聚合物的分子结构中而减少了树脂的刚性，但其加入也会使涂膜的机械性能受到一些损失。

　　助增塑剂对基料树脂没有溶解作用，它只能在加入量不太多的情况下才能与基料树脂混溶。助增塑剂对基料树脂只起到物理作用（润滑作用），因而对涂膜机械强度的影响没有像主增塑剂那样大，但助增塑剂易从涂膜中迁移或被萃失掉，而使涂膜柔韧性变差。

　　增塑剂应当毒性低微，在增加涂膜的柔韧性的同时应尽可能地少量降低涂膜的硬度，也不应当使涂膜变色，尤其是涂膜在户外使用时要不易变色。增塑剂的类型和用量取决于涂料中基料树脂的不同以及涂料的使用要求。

涂料中增塑剂的加入对涂膜的许多性能，如抗拉强度、强韧性、延伸性、渗透性和附着力都有一定影响，根据基料聚合物及增塑剂的类型不同，对这些性能的影响也各不相同，一般说来，增塑剂的加入会增加涂膜的延伸性而降低涂膜的抗拉强度。在一定的增塑剂的加入量之内，涂膜的渗透性将基本上保持不变，但增塑剂加入量继续增加时，涂膜的渗透性将急剧地增加，涂膜的强韧性和附着力先是随着增塑剂的加入而增加，但到达了一个峰值之后反而会下降。增塑剂除了对涂膜的机械性能有影响外，还会影响涂膜的其他性能，因而增塑剂的最适当的加入量应根据对各方面的因素进行综合平衡之后才能确定。

增塑剂的种类很多，适合增塑条件的物质有植物油、天然蜡、单体化合物和聚合体化合物等四大类，增塑剂的品种分类如图 2-3 所示。

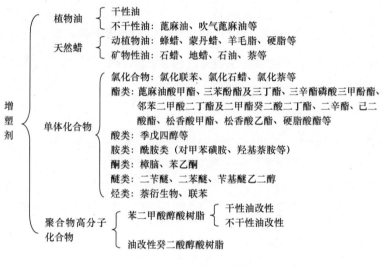

图 2-3　增塑剂的品种分类

目前使用最多的增塑剂是邻苯二甲酸二丁酯、邻苯二甲酸二辛酯等邻苯二甲酸酯类。在涂饰施工时，如遇气温在 30℃ 以上的热天，由于某些涂层结膜较快，就容易出现漆膜鼓泡、针孔等毛病，此时加入增塑剂可以缓解上述情况。如在调配聚氨酯漆时适量加入邻苯二甲酸二丁酯，可调节漆膜干速，增加漆膜的弹性和附着力。

建筑涂料常用的增塑剂主要性能及特征见表 2-20。

表 2-20　建筑涂料常用的增塑剂

名　称	主要性能特征
磷酸二甲酚酯	本品是一种无色油状液体，加入漆内会变黄，见光易分解，不溶于水，可和溶剂以任何比例混合，可溶解硝化棉
邻苯二甲酸二丁酯（DBP）	对各种树脂都有良好的混溶性，因而在涂料生产中使用较广。其对涂膜的黄变倾向较小，但它的挥发性不是很低，所以涂膜经过一段时间使用后，会由于增塑剂的逐渐减少而发脆，这是它的不足之处。常用于硝酸纤维素涂料（用量约为 20%～50%）和聚醋酸乙烯乳液涂料中（用量约为 10%～20%，在乳液聚合时加入）。本品的主要技术性能指标如下： 外观：无色液体 酯含量：≥99% 相对密度：1.044～1.048 酸值：≤0.20mg KOH/g 闪点（开口杯法）：≥160℃

续表

名　称	主要性能特征
邻苯二甲酸二辛酯（DOP）	性能和邻苯二甲酸二丁酯相似，但其挥发性较小，耐光性和耐热性能好。常用于硝酸纤维素涂料和聚氯乙烯塑溶胶和有机溶胶涂料之中
氯化石蜡	主要用作氯化橡胶的增塑剂，它的加入量可高达50％，而不会使氯化橡胶涂膜的抗化学性变差

建筑涂料常用的增塑剂除表 2-20 所用的几种外，还有癸二酸二辛酯、邻苯二甲酸二甲酯、磷酸三甲苯酯、磷酸三苯酯、五氯联苯等。

需要加入增塑剂的漆类（硝基、过氯乙烯漆等）都是在制漆时按配方规定数量一次加足，而在施工时不再补加增塑剂。

增塑剂品种很多，选漆时选用的增塑剂应具备如下性能：与漆中树脂混溶能力强，能溶于该种漆所用的溶剂、不挥发，能长期保持增塑性能；有利于提高漆膜的光泽和附着力，有较好的耐光、耐热与耐寒能力，且对漆膜软化作用小，不溶于水，对颜料湿润性好；无色、无臭、无毒、性能稳定，价廉易得。

各类增塑剂的性能比较见表 2-21。

表 2-21　各类增塑剂的性能比较

类　型	优　点	缺　点
邻苯二甲酸酯类	对多种漆用树脂具有溶解性，相容性好，增塑效果明显，挥发率低，其耐寒性随醇类碳链的增长而提高，有较好的抗变黄性	其对光热的稳定性较环氧类增塑剂差
癸二酸酯类	可以提高漆膜耐寒性，可用于与食品接触的材料的生产。增塑效果明显，挥发率低	价格较贵
磷酸酯类	具有明显的阻燃作用，可用于阻燃、防火涂料的生产。磷酸三甲酚酯有防霉性能，电性能好，常用于电缆材料生产	较易黄变，耐光、耐热老化性差
环氧类增塑剂	可以提高涂抹的耐热、耐光等耐老化性，漆膜不黄变。与多种树脂相容性好，并具有良好的湿润性能，无毒，可用于与食品接触的材料的生产	价格较贵
氯烃类增塑剂	具有优良的耐酸、耐碱、耐水性能和阻燃性	—

2. 阻燃剂

为了降低沥青的可燃性，可在沥青基涂料中加入阻燃剂。其主要组分是磷酸二氢铵，其次是硫酸铵，也可以采用市售的商品阻燃剂，在使用时要与沥青充分搅拌。

3. 抗剥落剂

抗剥落剂，是指能与各种集料表面可形成物理吸附，或依靠其特殊的化学结构，使沥青与集料进行化合反应，形成强而有力的化学纽带，从而提高了沥青基涂料与各种基面的粘附性，是涂料具有良好的抗热老化性及抗水损害性的一种助剂。

通常沥青基材料可粘附在干燥的基面，如水泥混凝土、木板等表面，这是因为在沥青组成中含有极性官能团和表现出的粘附力，可给这种基面以良好的粘结和薄膜强度。但若有水存在或在潮湿的基面上，沥青就不可能粘附，或者是已形成的薄膜被水取代，使沥青膜产生剥落。沥青所具有的粘附性来自沥青质酸及胶质中的极性基团，而这些基团是缺乏从潮湿表面上取代水的足够活性，若加入少量的表面活性物质，从而形成定向吸附的单分子层，使表面性质发生变化，就能使沥青基材料与基面的结合强度得到改善，从而提高了对水的稳定性和耐久性。这主要是表面活性剂影响沥青的分散结构、基面和集料表面对沥青结构形成的作用和氧化老化的过程。这种表面活性剂通常被称为沥青抗剥落剂。

表面活性剂通常是油溶性带极性基团的一类有机化合物，其类型主要有非离子型和离子型（阴、阳离子）两类。比较广泛用作沥青抗剥落剂的是阳离子型表面活性剂，如十八烷基胺能改善沥青对大理石、花岗石、石灰石、石英砂（酸性及碳酸盐）的粘附；取代氨碱的盐改善与酸性集料的粘附，但对大理石和石灰石的效果则较差；氧化石蜡釜残及固体燃料焦油可改善与碳酸集料的粘附，而对酸性集料则无效。若先采用熟石灰、水泥等处理集料表面（活化），可提高抗剥落剂的改善效果。

4. 增粘剂

增粘剂是对被粘物体具有润湿作用，通过表面扩散或内部扩散，能够在一定的条件下（温度、压力、时间）下产生高粘结性能的，常温下呈黏稠或固态，单独存在或配入适当溶剂后具有流动性的一类助剂产品。其应用于涂料中主要提高与基体的附着力。常用于沥青的增粘剂，有松香、萜烯树脂、C_9石油树脂、古马隆树脂等。

石油树脂是指由裂化石油的副产品烯烃或环烯烃聚合或与醛、芳烃等共聚得到的树脂的总称，呈浅黄色至棕褐色固体。按其组成可分为以下四类：脂肪族石油树脂（C_5石油树脂）、芳香族石油树脂（C_9石油树脂）、脂肪族/芳香族聚合石油树脂（C_5/C_9石油树脂）、双环戊二烯石油树脂（DCPD石油树脂），此外还有加氢产品，其中C_9石油树脂和双环戊二烯石油树脂是涂料用石油树脂的主要品种。

以石油裂解C_9馏分为原料经催化聚合生产的芳烃石油树脂已发布了化工行业标准 HG 2231—91《石油树脂》。产品按其原材料预处理工艺和软化点划分型号，按原材料预处理工艺可分为两类：PR1（精馏）、PR2（粗馏）；软化点用阿拉伯数字标示，其代号和温度范围见表 2-22。其理化性能应符合表2-23 和表 2-24 的规定。

表 2-22 软化点代号和温度范围

代号	软化点（℃）	代号	软化点（℃）
90	>80～90	120	>110～120
100	>90～100	130	>120～130
110	>100～110	140	>130～140

摘自 HG 2231—91

表 2-23 PR1 理化性能

项 目			PR1-90			PR1-100			PR1-110			PR1-120			PR1-130			PR1-140		
			优等品	一等品	合格品	优等品	一等品	合格品	优等品	一等品	合格品	优等品	一等品	合格品	优等品	一等品	合格品	优等品	一等品	合格品
软化点（℃）			>80~90			>90~100			>100~110			>110~120			>120~130			>130~140		
颜色号	试样：甲苯＝1∶1	≤	10	11	12	10	11	12	10	11	12	11	12	14	11	12	14	11	12	14
	试样：甲苯＝1∶8.5	≤	6	7	8	6	7	8	6	7	8	7	8	10	7	8	10	7	8	10
酸值（mg KOH/g）		≤	0.1	0.5	1.0	0.1	0.5	1.0	0.1	0.5	1.0	0.1	0.5	1.0	0.1	0.5	1.0	0.1	0.5	1.0
灰分（%）		≤	0.1																	
溴值（g Br/100g）			根据用户需要协商确定																	

摘自 HG 2231—91

表 2-24 PR2 理化性能

项 目			PR2-90		PR2-100		PR2-110		PR2-120		PR2-130	
			一等品	合格品	一等品	合格品	一等品	合格品	一等品	合格品	一等品	合格品
软化点（℃）			>80~90		>90~100		>100~110		>110~120		>120~130	
颜色号	树脂：甲苯＝1∶1	≤	17	—	17	—	17	—	17	—	17	—
	树脂：甲苯＝1∶8.5	≤	12	—	12	—	12	—	12	—	12	—
酸碱度（pH）			6~8									
灰分（%）		≤	0.1	0.5	0.1	0.5	0.1	0.5	0.1	0.5	0.1	0.5

摘自 HG 2231—91

Chapter **03**

第 3 章

非固化橡胶沥青防水涂料的
配方设计与生产

高聚物改性沥青防水涂料一般是以沥青为基料，用合成高分子聚合物对其进行改性，配制而成的一类涂膜防水材料。非固化橡胶沥青防水涂料亦属于高聚物改性沥青防水涂料的范畴。

高聚物改性沥青防水涂料主要成膜物质是沥青，橡胶（天然橡胶、合成橡胶等），以及树脂。此类涂料是以橡胶和树脂对沥青进行改性作为基础的，用合成橡胶（如氯丁橡胶、丁基橡胶等）进行改性，可以改善沥青的气密性、耐化学腐蚀性、耐燃性、耐光、耐气候性等；用 SBS 进行改性，可以改善沥青的弹塑性、延伸性、耐老化、耐高低温性能；用再生橡胶进行改性，可以改善沥青低温的冷脆性、抗裂性，增加涂料的弹性。

高聚物改性沥青防水涂料按其改性剂的不同，分类方法见图 3-1。

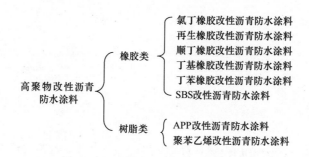

图 3-1　高聚物改性沥青防水涂料的分类

高聚物改性沥青防水涂料的主要品种有以下几大类：

1）氯丁橡胶改性沥青防水涂料，是以氯丁橡胶和沥青为基料，经加工而成的一种防水涂料。其中溶剂型涂料中含有甲苯等有机溶剂，易燃、有毒，施工很不方便，其产量已越来越小，而水乳型氯丁橡胶改性沥青防水涂料其产量日益提高，已成为防水涂料中的重要品种之一。

2）SBS 改性沥青防水涂料，是以沥青、橡胶、合成树脂、SBS（苯乙烯-丁二烯-苯乙烯）等为基料，以多种配合剂为辅料，经过专用设备加工而成的一种防水材料。SBS 系三元嵌段聚合物，是一种很受推崇的热塑性弹性体，在常温下呈强韧的高弹性，在高温下呈接近线型聚合物的流体状态，所以，以SBS、橡胶与沥青制成的涂料具有韧性强、弹性好、耐疲劳、抗老化、防水性能优异的特点，它高温不流淌，低温不脆裂，而且是冷施工，环境适应性广。SBS 弹性沥青防水涂料适用于各种建筑结构的屋面、墙体、厕浴间、地下室、冷库、桥梁、铁路路基、水池、地下管道等的防水、防渗、防潮、隔汽等工程。

3）丁苯橡胶改性沥青防水涂料，是以石油沥青为主要原料，以低苯乙烯丁苯橡胶胶乳为改性材料配制而成的建筑防水涂料。产品可分为水乳型和溶剂型两大类，可广泛应用于厕浴间、地下室、隧道等的防水以及补漏。

沥青在建筑上的应用主要是考虑其防水、防腐性能，在橡胶工业科技不断发展的情况下，高分子聚合物改性沥青类涂料得到了迅速地推广应用。高聚物改性沥青防水涂料使用方便、生产容易，已成为主要的防水涂料产品。沥青防水涂料产品与其他防水材料相比，有几个方面的优点：①材料来源广，成本相对比较好；②防水性能优良，沥青的防水性能在各类防水材料中比较好，而且可以运用于多种复杂的基层，施工简单，柔韧性较好；③耐久性好，包括耐气候老化性和耐化学腐蚀诸方面，与纯橡胶、塑料相比，高聚物改性沥青防水涂料在长期的阳光紫外线和臭氧作用下老化很慢，在酸雨、含硫气体、海水、土壤盐分的作用下，可以长期保持稳定。

所谓改性沥青是指在沥青中掺加橡胶和树脂等高分子聚合物、细磨的橡胶粉或其他填料型改性剂，并与沥青均匀混合，从而使沥青的性质得以改善而制成的沥青混合料。

关于改性沥青的分类，按其改性剂所起的作用，见图 2-2 掺加改性剂的内容。从图 2-2 中可以看出不同的改性剂可以在不同程度上改善沥青的使用性能，但采用聚合物改性剂进行改性的则可以有效地改善沥青的高温稳定性、低温抗裂性、耐疲劳性，可以有效地提高沥青的使用寿命，故高聚物改性沥青在防水材料工业中深受人们的欢迎。

3.1

非固化橡胶沥青防水涂料的配方设计

3.1.1　非固化橡胶沥青防水涂料配方举例

非固化橡胶沥青防水涂料的生产参考配方举例如下：

成分	用量（%）
沥青	25～35
高分子改性剂	10～15
橡胶粉	15～25
粉体填料	10～20
液体填料	20～30
特殊添加剂	2～5

3.1.2　配方设计的主要内容

科学合理的配方设计，是制备优质的非固化橡胶沥青防水涂料的第一步。在配方设计时，应在众多的因素中抓主要因素，即以主要成膜物质的选择作为重点，应根据非固化橡胶沥青防水涂料产品的用途、技术性能要求、施工应用条件等初步确定一种基料进行试验，或确定一种颜料及配比来优选各种基料，先逐步对体质颜料的类型进行选择，依次再进行基料与体质颜料之间的配比选择。

非固化橡胶沥青防水涂料的配方设计应包括以下内容：①各种基料类型的选择；②各种体质颜料类型的选择；③各种添加剂类型的选择；④非固化防水涂料固体分的确定；⑤基料组分、基料与颜、填料、添加剂使用等的配比选择；⑥涂料基本配方的确定；⑦涂料生产配方、生产工艺的确定。

在涂料配方设计过程中，还应注意到各种原料的性能及来源、质量、检验方法和价格，了解非固化橡胶沥青防水涂料的主要生产设备情况，使配方设计与生产工艺设备能紧密结合以提高生产效率，确保产品质量，配方设计不仅要考虑质量指标，还要考虑其生产成本，要充分选用价格低、资源丰富的原料，以达到最低的成本制造出质量最好的产品。

以上配方设计的工作内容，除可借鉴他人的生产实践积累的配方外，主要应依据涂料配方设计的基本原则，通过大量的试验，不断地进行分析总结，进行选择和优化，得出比较理想的标准配方，并在标准配方的基础上确定合适的生产配方。

3.1.3　涂料配方设计的基本原则

3.1.3.1　涂料配方设计的程序

涂料是由主要成膜物质、次要成膜物质、辅助成膜物质组成的，进行涂料的配方设计就是根据涂料的性能要求来选择涂料的各个组分并确定其用量。

涂料的配方设计，虽有一定的理论指导，但主要还是基于实践之上的经验方法，其基本程序需要经过配方设计、配方试验、性能测试检验、调整配方这样一个反复进行直至得到满意的配方为止的过程。涂料配方设计的基本程序见图 3-2。

一般来说，我们可先根据涂料的使用要求，即涂料在工作环境下应具备的性能指标来选定主要成膜物质（基料）和次要成膜物质（颜、填料），再根据施工要求和选定的基料来确定溶剂，在此基础上再来考虑涂料的添加剂或其他助剂等，形成一个初步配方设计，在此基础上，再采用异性的数理统计方法（如优选法、正交设计法等），使在较少的试验次数内，获得较为理想的配方。

涂料中各组分的绝对数量和它们的相对比例对涂料的各项性能要求都有很大的影响。在整个涂料配方系统中，只要其中有一个组分选择不当，涂料的性能就会变差。为了充分求得涂料的最佳配方，在选

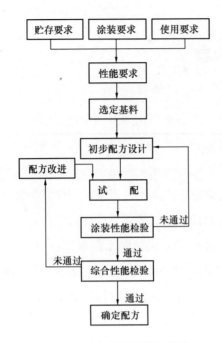

图 3-2　配方设计的基本程序

定了合适的涂料组分之后，还必须掌握决定涂料特性的一些十分重要的因素。如颜料的体积浓度、溶剂的组成对涂料性能的影响等。

3.1.3.2　涂料配方设计的颜料体积浓度

在涂料配方组成中，选择基料与颜料之间的比例关系非常重要。颜料体积浓度是涂料配方设计的基本原则。

1. 颜料基料比（颜基比）

颜基比是涂料配方系统中颜料（着色颜料和体质颜料）的质量百分比的总和与基料的固体分（非挥发分）质量百分比之比。采用颜基比，在进行初步配方设计时是比较方便的，且比用颜料的体积浓度计算较简单。

在许多实例中，可以用颜基比来进行涂料类型的划分，而且还可以用其来预计涂料的大致性能。这在已知涂料的各种基本组分的质量配比，如颜料的总含量、基料的固体分和溶剂含量，而不知道涂料的性能的情况下特别有用。从一些涂料的配方例子中可以看到：不同用途的涂料颜基比是不一样的，例如面漆的颜基比为(0.25～0.9)∶1；底漆的颜基比为(2.4～4.0)∶1.0；外用乳胶建筑涂料为(2.0～4.0)∶1.0；内用乳胶建筑涂料为(4.7～7.0)∶1.0。但许多专用涂料则不容易用颜基比来分类。

耐久要求高的户外用涂料一般不宜采用颜基比较高的配方，4∶1一般被认为是外用涂料，可采用的最高颜基比，不管使用什么颜料和基料，外用涂料的配方一般都符合这一原则。这是由于基料太少了不能在大量颜料质点周围形成一个连续相，因而就不可能获得良好的户外耐久性之缘故。

2. 颜料的体积浓度（P. V. C.）

涂料中使用的各种颜料、填料和基料树脂的浓度是各不相同的，彼此间差距很大，因此在设计涂料配方时，常常不用它们的质量百分比而用它们的体积百分比来考虑问题。采用颜料的体积浓度（P. V. C.）的概念来进行涂料配方设计是涂料配方设计的基本原则，它对各种试验数据进行解释是比较科学的，对组成不同的涂料的性能，其试验结果也可得出比较精确的评价。

颜料的体积浓度，就是涂料中颜料和填料的体积与配方中所有非挥发分（包括基料树脂、颜料和填料等）的总体积之比，它可以用下列公式来表达：

$$P. V. C.(\%) = \frac{颜料和填料的体积}{颜料和填料的体积 + 固体基料的体积} \times 100\%$$

式中，固体基料指非挥发分基料。

在实际应用中，人们发现某些颜料在涂料配方中的加量有一定的 P. V. C. 范围，见表 3-1。

表 3-1　常用颜料的典型 P. V. C. 范围

分　类	颜料名称	P.V.C（%）	分　类	颜料名称	P.V.C（%）
白色颜料	二氧化钛 氧化锌	15～20 15～20	红色颜料	氧化铁红 甲苯胺红	10～15 10～15
黄色颜料	铬　黄 耐晒黄 氧化铁黄	10～15 5～10 10～15	黑色颜料	氧化铁黑 炭　黑	10～15 1～5
绿色颜料	氧化铬绿 铅铬绿	10～15 10～15	防锈颜料	红　丹 铬酸锌	30～35 30～40
蓝色颜料	群　青 酞菁蓝	10～15 5～10	金属粉颜料	铝　粉 锌　粉 铅　粉	5～15 60～70 40～50

3. 临界颜料的体积浓度（C. P. V. C.）

许多涂膜性能如拉伸强度、耐磨性，尤其是那些与涂膜的多孔性有关的性能如渗透性、耐腐蚀性会随着涂料的 P. V. C. 的变化而逐渐发生变化。当我们采用相同的原料、相同的涂料制造技术，以不同的 P. V. C. 配制出几种涂料，并对其进行一些物理性能测试，然后将这些性能和 P. V. C. 值绘制成曲线，如图 3-3 所示。

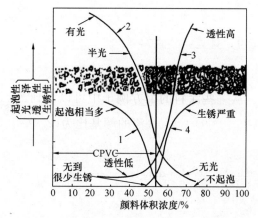

图 3-3　颜料体积浓度和涂膜性能的关系

1—起泡性；2—光泽；3—透气透水性；4—生锈性

　　C. P. V. C. 值是色漆配方中的一个重要参数。在达到临界颜料体积浓度（C. P. V. C.）时，涂膜中恰好有足够的基料润湿质点，即在涂膜里，基料物质恰恰填满颜料颗粒间的空隙而无多余量；当配方中的 P. V. C. 值低于 C. P. V. C. 值时，基料的数量除了润湿颜料之外，还可以使颜料质点牢固地分散在基料中间，使涂膜的光泽度高，难以生锈，透水透气性低，有气泡产生；当配方中的 P. V. C. 值高于 C. P. V. C. 值时，则基料的数量不足以润湿所有颜料质点，因而颜料质点在涂膜中是疏松状存在，其相应的性能可以变为与前者（P. V. C. 值小于 C. P. V. C. 值）完全相反的结果。由此可见，性能要求较高的或在户外使有物涂料配方，应选取其 P. V. C. 值小于 C. P. V. C. 值的为宜，即其颜料体积浓度不应当超过临界颜料体积浓度，否则许多涂膜性能将会变差。与此相反，若涂料性能要求不太高（一般为内用涂料），则可采用 P. V. C. 值大于 C. P. V. C. 值的配方，以增加填料来降低成本。

　　一个涂料配方系统的 C. P. V. C 的数值是由配方所采用的颜料、填料和基料的性能所决定的。基料润湿颜料的能力以及颜料被基料所润湿的难易程度都是影响 C. P. V. C. 值大小的重要因素，其次是颜料的颗粒大小和形状及其在涂料中的分布情况等对 C. P. V. C. 值大小均有影响。从许多涂料系统的实际 C. P. V. C. 值中可以知道，它们大致在 $50\%\sim60\%$ 之间。

　　当配方 P. V. C. 数值较高时，应该知道配方的 P. V. C. 值与 C. P. V. C. 值的差距有多大，因为如果配方中两者数值很接近，在造漆过程中，配料或其他工序的少量物料偏差，就有可能使配方的 P. V. C. 超过 C. P. V. C. 值。

　　在涂料配方中，若 P. V. C. 值接近于它的 C. P. V. C. 值时，配方中少量物料的偏差会使涂膜性能引起很大的变化，这样会产生难以区分的情况：即是颜料本身的性能不能满足要求，还是所选取物料间的比例不当所至。

　　从以上分析可知，我们在涂料配方中必须知道该配方系统的 C. P. V. C. 值，这样可较精确地选取满足要求的涂料配方。实际上可以测试一种涂料配方系统在不同 P. V. C. 值时的某种涂膜性质，就可以得到这种涂料的 C. P. V. C. 数值。这种经验测定法是经常采用的。对于乳胶漆配方系统，可以测定涂膜的耐擦洗性、耐沾污性和涂膜拉伸强度来判定其 C. P. V. C. 值；对溶剂型涂料配方系统，则可以测定涂膜的水蒸气渗透来判定其 C. P. V. C. 值。

　　C. P. V. C. 值可以测试，也可以计算，公式如下：

$$C. P. V. C. \ 值(\%) = \frac{\frac{100}{\rho_P} \times 100}{\frac{100}{\rho_P} + \frac{O_A}{\rho_B}} = \frac{100\rho_B}{\rho_B + 0.01 \times O_A \times \rho_P}$$

式中　ρ_B——成膜物质的密度，可从文献中查出；

　　　ρ_P——颜料的密度，可从文献中查出；

　　O_A——颜料的吸油量，即每 100g 颜料所需亚麻仁油的克数。

　　某些体质颜料的相对密度和吸油量见表 3-2。

表 3-2　某些体质颜料的相对密度和吸油量

体质颜料名称	相对密度	吸油量（g/100g 颜料）
重晶石粉	4.25～4.5	6～12
瓷土	2.6	30
云母粉	2.8～3.0	30～75
滑石粉	2.65～2.8	27～30
碳酸钙	2.53～2.71	13～22

3.1.3.3　溶剂对涂料组分的影响

涂料组分中的溶剂既能溶解基料树脂，又能控制涂料黏度，使挥发性液体符合贮藏和施工要求。为了方便涂料的制造，降低涂料成本，改善性能，满足有关环境保护、毒性及防火等法规，必须合理地选择溶剂和混合溶剂。

1. 溶解能力

选择溶剂或混合溶剂的一个原则，是应按溶剂或混合溶剂和树脂的溶解度参数 δ 来判断它们之间的溶解能力，从而配制出满意的涂料。

在配制混合渗剂中，除了加入能溶解基料聚合物的溶剂（真溶剂）之外，还要加入一些只能部分溶解或不能单独溶解基料聚合物的溶剂（稀释剂）。在选择真溶剂和稀释剂的配比时，涂料应不发生混匀不良及产生沉淀分层等现象，避免湿涂膜在干燥过程中，由于稀释剂比例增大使涂膜性能变差。因此，对用混合溶剂溶解的涂料，其蒸发速度应当很好地选择平衡，配方时避免将真溶剂和稀释剂系统的组成比例配制在沉淀点附近。

2. 蒸发速度

涂料中溶剂的蒸发速度对涂膜（特别是对非转化型涂膜）的干燥时间、流平、成膜过程和成膜的性能有很大的影响，蒸发速度太慢，干燥时间会太长，蒸发速度太快，就会使涂料膜流平性变差。"溶剂发白"就是由于涂料配方中溶剂的蒸发速度太快而造成的涂膜弊病。另一种弊病是喷漆的"干喷"，如果涂料从喷枪中喷出以后，某种溶剂组分在到达被涂物件之前，就已经在雾化气流中蒸发殆尽，这样它就不能在被涂物件上帮助涂膜均匀和流平，得到的涂膜就会成粒状似的高低不平，这种干喷现象虽然常常由于施工者的喷涂技术不良所造成，但正确调整涂料的溶剂组成使之有适宜的蒸发速度，则能减少这种弊病的产生。

3.1.3.4　黏度

涂料配方中各种组分的相互作用决定了涂料的黏度，但是其中溶剂组分的组成和含量以及增稠剂或触变剂是否存在，对涂料的黏度起主要作用。涂料的施工性能、涂膜的流平性及涂料的贮藏稳定性与涂料的黏度大小都有很大的关系。因此，涂料的黏度必须很好地控制。

非固化橡胶沥青防水涂料的黏度大小与其施工和易性是密切相关的，一旦涂料的黏度过大，则施工难以进行。因而合理选择施工黏度尤为重要。有关专家通过黏度对非固化橡胶沥青防水涂料施工性能的影响进行了研究，根据试验所得出的黏-温曲线数据，考虑了实际施工的环境条件、设备脱桶效率以及施工成本等因素，以140℃作为临界点，考虑施工高温度对非固化橡胶沥青防水涂料黏度的影响，进而研究施工温度对该涂料施工性能的影响，得出：①当非固化橡胶沥青防水涂料在140℃以下施工时，涂料的黏度较大，刮涂施工及铺设防水卷材不仅非常费力，而且涂料与卷材的粘接效果也不佳；②当非固化橡胶沥青防水涂料在140℃~160℃施工时，不仅涂料进行刮涂施工省力，而且与防水卷材的粘结效果也较好。

3.2
非固化橡胶沥青防水涂料的生产

3.2.1 非固化橡胶沥青防水涂料的生产工艺

非固化橡胶沥青防水涂料的生产工艺，应考虑原材料的本身特性和所起的作用，确定投料顺序、温度控制和搅拌混合时间。非固化橡胶沥青防水涂料的生产工艺流程参见图3-4。

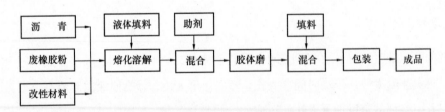

图3-4 非固化橡胶沥青防水涂料的生产工艺图

部分非固化橡胶沥青防水涂料的具体制备方法作如下介绍：

徐立、王涛等科研技术人员在《SBR在非固化橡胶沥青防水涂料中的应用》一文中对非固化橡胶沥青防水涂料的制备作了如下的介绍：将沥青加热到140℃打入搅拌罐，加入软化剂、胶粉，搅拌30min，温度升到160℃，用高剪切混合乳化器进行研磨，温度升到190℃，加入专用改性剂和特殊添加剂，继续用高剪切混合乳化器研磨1h；降温至160℃~170℃时，加入SBR，继续用高剪切混合乳化器研磨1h；最后加入填料搅拌1h，即成非固化橡胶沥青防水涂料。

刘金景、田凤兰、段文锋、常英、陈晓文等科研技术人员在《非固化橡胶沥青防水涂料制备及应用》一文中对非固化橡胶沥青防水涂料的基本配制工艺流程作了如下的介绍：①打入沥青和功能性聚合物，升温至 140℃～165℃，脱水 50～75min；②加入弹塑性聚合物，经过溶胀后（10～45min），开动胶体磨研磨和均化，一般需经过（50～120min）的研磨，温度控制在 160℃～175℃，待改性剂完全熔融，关闭胶体磨，研磨和均化基本完成；③加入增粘树脂，温度控制在 160℃～175℃，搅拌 40～60min 至完全溶解；④加入稳定剂，保持温度在 155℃～165℃的条件下搅拌 45min。

3.2.2 沥青改性的原理

3.2.2.1 改性沥青的相容体系

沥青的化学组成结构与沥青胶体结构、物理性能、流变性能的关系相当复杂，沥青的改性是通过改善沥青体系的内部结构实现对沥青物理性能的改善。一般情况下，沥青与聚合物是在热的状态下进行混合的，两者在混合时可能会出现以下情况：

1）混合物是完全的非均相体系，此时沥青和聚合物是不相容的，组分是相互分离的，故不是稳定的。这类体系是不能起到改性沥青的作用。

2）混合物是分子水平的均相体系，此时两者是完全的互溶体系，在这种体系中，沥青中的油分完全溶解了聚合物，破坏了聚合物分子间的作用，故混合物是绝对稳定的，这种体系除了黏度增加外，其他性质不能得到改善，这也不是进行改性的理想效果。这种体系是稳定体系，但从改性沥青的角度来讲，也不能算是相容体系。

3）混合物是微观的非均相体系，沥青和聚合物分别形成连续相，在这种状态下，聚合物吸附沥青中的油分溶胀后形成与沥青截然不同的聚合物连续相，多余的油分分散在聚合物相中，或聚合物吸附沥青中的油分溶胀后分散在沥青的连续相中，沥青的性质得到了最大限度的改善，这就是改性沥青的相容体系。

改性沥青相容体系的稳定性是指物理稳定性和化学稳定性。改性沥青的物理稳定性是指热储存过程中，聚合物颗粒与沥青相不发生分离或离析；改性沥青的化学稳定性是指在热储存过程中随着时间的增加，改性沥青的性能不能有明显的变化。改性沥青的相容性和稳定性都需要通过基质沥青和聚合物间配伍性的研究和加入适宜的助剂来实现。

可进行对沥青改性的聚合物较多，但基于以上相容性的概念，在实践过程中只有少数热塑聚合物与沥青具有较好的相容性。应用于非固化橡胶沥青防水涂料的聚合物主要是热塑性弹性体，其品种有 SBS 橡胶、丁苯橡胶、氯丁橡胶等，应用较多的是 SBS 橡胶。根据 SBS 中 S 与 B 的比例，聚合物相对分子质量的大小及结构（星型和线型）进行分类。采用 5％的 SBS 进行沥青改性，不同的 S 段和 B 段对改性沥青针入度、软化点、黏度的影响见图 3-5，图中的 P_S、P_B 坐标轴分别表示苯乙烯段和丁二烯段的相对分子质量。

由图 3-5（a）、（b）、（c）可见，P_S 的大小对针入度和软化点的影响较大，而对于高温黏度，P_B 的影响则比较大。

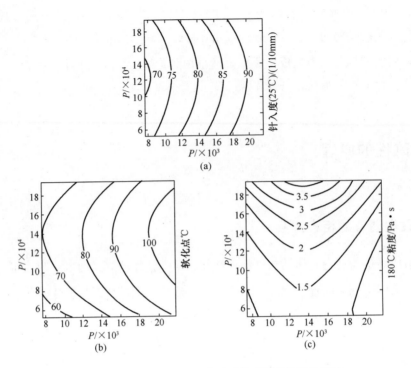

图 3-5　不同 S、B 段相对分子质量对沥青性质的影响

3.2.2.2　沥青改性的基本原理

由于改性沥青具有不同的两相，现以 SBS 改性沥青为例，其改性沥青体系应考虑以下几种情况：

1）小于 4% 的低聚合物含量。在这种情况下，沥青为连续相，聚合物分布在沥青中，由于聚合物吸收了沥青中的油分，使得沥青相中沥青质的含量相对增加，从而使沥青的黏度和弹性增加。在约 60℃ 高温下，聚合物相的劲度模量大于沥青连续相的劲度模量，聚合物相的这种加强作用提高了高温下沥青的力学性能；在低温下，分散相的劲度模量低于沥青连续相的劲度模量，这样也就降低了沥青的脆性。这样分散的聚合物相改善了沥青的高低温性能。在这种情况下，基质沥青的选择是十分重要的。

2）大于 10% 的高聚合物含量。在这种情况下，如果沥青和聚合物选择合适，可能形成聚合物连续相，这实际上已不是聚合物改性沥青，而是沥青中的油分对聚合物的塑性化，原沥青中较重的组分分散在聚合物连续相中。这种体系所反映出来的性质可以说已经不再是沥青的性质而是聚合物的性质了。

3）4%～8% 中等聚合物含量。在这种体系中形成沥青和聚合物两相交联的连续相，一般来讲这种状态很难控制，在不同的温度下可能出现不同的连续相，其性质经常随温度的变化而异，产品的性质不稳定。

如采用荧光显微镜则可以观察到以上三种状态的存在。观察改性沥青的微观结构对研究改性沥青微观结构与其性能的关系是一种非常有效的方法。有关专家研究结果表明，对于同样的聚合物及聚合物含量，采用同样等级但不同油源生产的基质沥青，可以得到微观结构和性能相差很大的改性沥青。

3.2.2.3　改性沥青中聚合物网状结构的形成

沥青与聚合物混合所形成的相容体系，改善了沥青的使用性能，根据沥青的改性原理，不论是聚合物吸附了沥青中的油分溶胀后分布在沥青中，还是聚合物吸附了沥青中的油分溶胀后形成连续相，沥青组分分布在聚合物相中，都是因为聚合物的存在改善了沥青的高、低温性能，并且后者在更大的程度上已反映出了聚合物的特性。因此，聚合物吸附沥青中的油分所形成连续的网状结构，是最大限度发挥聚合物改性作用的关键。

有关改性沥青网状结构形成的理论有多种说法，下面介绍几种：

1）改性沥青网状结构形成是聚合物吸附溶胀，发生相转化的过程

在聚丙烯改性沥青的过程中，高温下的聚合物吸附沥青中的油分，并溶胀体积扩大、链扩展，当聚合物的量达到一定值时，溶胀后聚合物的体积达到连续相所需要的体积时，体系发生相转化，聚合物由分散相转化为连续相。沥青以 $10\sim150\mu m$ 的球形颗粒分布在聚合物连续相中，在 $180\sim200℃$、$15\sim40min$ 这种相转化过程可以完成。

在 SBS 改性沥青时，SBS 中的苯乙烯段被芳香分溶解，被环烷烃溶胀，从而产生链扩展，聚丁烯段则作为弹性段，当聚合物浓度达到一定值时就发生相转化。由于 SBS 的相对分子质量大，聚丁烯段的链较长，因此发生相转化时的浓度要比聚丙烯低，因此对于 SBS 发生相转化的浓度要比聚丙烯低，但是对于 SBS 发生相转化时则需要更长的时间和有效的剪切才能实现。

2）改性沥青网状结构形成是聚合物缠绕沥青第二结构的过程

这一说法的前提为基质沥青第二结构的存在。持这一说法的学者认为：基质沥青中缩合度较强的芳香环具有带正电荷和负电荷的极性部分，这种分子的存在使得基质沥青体系具有了像蛋白质、尼龙一样的棒状类似聚合物的结构，这种结构赋予了沥青一定的弹性，沥青中的中性部分分散在棒状结构中，使体系的黏度增加，当体系加热时，这种棒状结构被破坏，当然这种破坏是可逆的。

当采用 SBS 改性时，SBS 的苯乙烯段被溶解抑制在沥青的棒状结构中，丁二烯链却缠绕在这种结构的周围，由于 SBS 的两端被抑制在沥青中间，因此 SBS 对沥青第二结构的缠绕是非常紧密的。专家们经过研究发现，加入 7％中等相对分子质量、含有 30％苯乙烯的 SBS 就足以缠绕沥青的棒状结构，如果 SBS 的相对分子质量增加，或缠绕链的长度增加，都可以减少 SBS 的需求量。

当采用 APP 材料改性时，这些聚合物在低温下是不溶于芳香烃的，如它们只能溶解于 125℃的甲苯中，如果这类聚合物溶于沥青中，对沥青改性效果是非常有限的，在固体状态下，APP 链呈卷曲状，熔化时卷曲打开，分子链扩张，虽然沥青与 APP 间的偶极-偶极作用是非常弱的。但是当卷曲打开，分子链扩张后，大量的这种力的积累可以导致 APP 分子链缠绕沥青的棒状结构，APP 的这种缠绕能力要比 SBS 弱得多，所以要形成聚合物网状结构时则需要更多的 APP。

以上溶胀法和缠绕法都是通过物理过程形成网状结构的，另外也有关于通过化学反应形成聚合物网状结构的研究，这种网状结构的形成过程是伴随着沥青与聚合物之间化学反应发生的。沥青与聚合物的反应是从相对分子质量小的聚合物开始，反应交联后相对分子质量增大，形成沥青-聚合物结构。在这一过程中，聚合物和反应剂的加入量是至关重要的。经专家的研究结果表明，加入 3％SBS 时，沥青的可反应点正好保证形成沥青-聚合物链或者沥青-沥青键，从而进一步反应不会再继续发生。这一过程形成的沥青-聚合物结构起到了相对分子质量和结构相差较大的沥青和聚合物的表面活性剂作用，促使沥青和聚合物两者形成稳定的网状结构，并且这种网状结构是不可逆的。

3.2.2.4　沥青组成对改性体系的影响

沥青的组成是指沥青的化学组成，其与原油的来源及加工有关，故沥青的化学组成极其复杂。要想把沥青像分离分析轻质油品那样得到单体烃组成是不可能的，在研究沥青的化学组成时，都是根据分离方法的不同以族或类进行分类的。

沥青的分离方法按其原理的不同大致可以分为三类，即按相对分子质量大小进行的馏分分离法，由此得到不同相对分子质量范围的组分；按官能团类型进行的分离法，由此得到碱性分、酸性分、两性分、中性分；按极性进行的分离法，由此得到脂肪族、环烷族、芳香族、极性芳香族、杂原子化合物、沥青质等。在研究沥青与聚合物的相容性或配伍性时，一般都认为溶解度参数相近的组分具有较好的相容性，而影响溶解度参数的主要是它们的结构，由此我们在讨论沥青的化学组成对改性沥青性质的影响时，可采用沥青按极性分离得到的族组成。

1. 沥青的化学组成对改性体系的影响

改性沥青最主要的问题是能够得到沥青和聚合物两相的相容和稳定的体系。由于两者在相对分子质量、化学结构、黏度、密度上均有较大的差别，因此想得到这一体系不是一件容易的事。

改性沥青的性质与沥青和聚合物的组成密切相关。沥青化学组分对改性沥青的影响主要是沥青中所含的能够溶胀聚合物的组分的含量。由于进行改性的目的不同，故所选用的改性剂（聚合物）亦不同，溶胀聚合物所需要的沥青分也就不同。如高含量的 APP（20%～30%）改性沥青体质，沥青质-胶质微细地分散在溶胀了的聚合物中，在这种体系中，所使用的基质沥青应该是含有较多的、相对分子质量较大的饱和分；而对于 SBS 改性沥青体系，由于 SBS 和沥青质的相容差，与芳香分、胶质的相容性好，所以基质沥青应该有较低的沥青质含量和较高的芳香分、胶质含量。沥青质的含量在 EVA 改性沥青体系中也有较大的影响。

2. 沥青的化学组成与改性沥青的性质

不同的沥青对不同聚合物改性剂的影响是不一致的。无论哪一种体系，当聚合物的浓度达到一定临界值时才表现出明显的改性效果，而对于不同的沥青-聚合物的体系，这一临界值是不同的。

3.2.3　聚合物改性沥青的生产工艺

改性沥青的性质受到内因和外因两个方面因素的影响，内因就是沥青的化学组成与结构，聚合物的化学组成与结构以及它们的配伍性和相容性，这些因素属于配方设计时应充分考虑的问题。影响改性沥青质量的外因就在于它的加工过程，包括聚合物的颗粒大小、混合温度和聚合物颗粒的剪切作用，这些因素均有待于生产工艺来解决。

改性剂与基质沥青的组成与性质的差别很大，沥青是石油中相对分子质量最大、化学组成最复杂的部分，而且又具有胶体结构的特性，而多数改性剂则是高相对分子质量聚合物，其分子结构随聚合物类型的不同有很大的差异，若要使这两类材料成为均匀的、稳定的可供工程使用的材料确定不是一件易事。为此有关工程技术人员开发出了多种制备技术。由于不同的制备技术除了改性沥青的性质是有差异的，故应根据改性剂的种类（矿物填料、合成材料、添加剂）和形态（块料、粒料、粉料、胶乳）的不同，选用不同的制备方法，其主要制备工艺有直接投料法、混溶法、溶剂法、母料法、乳液法等多种。用合成材料对沥青改性的制备方法尤其复杂，特别是对于高分子聚合物的块料或粒料是很难直接在沥青中熔融分散的，故一般均采用溶剂法、混溶法、乳液法等。

1. 直接投料法

采用矿物填料和添加剂对沥青进行改性，其制备方法较为简单，只要将改性材料直接投入并均匀分散到沥青中即可，其具体制备方法通常是将沥青加热到160℃～180℃，在有机械搅拌的调合罐或专门的均化器中加热搅拌，达到均匀分散，就可以得到改性产品，加热温度切忌过高，搅拌时间不能过长，并应避免带入空气，以免沥青出现热氧化而影响使用性能，一些粉状合成材料也可以采用直接投料法来制备改性沥青。

2. 直接混溶法

直接混溶法是将块状聚合物用挤塑机或炼胶机，使其经搓揉、撕拉、挤压、剪切和热的作用下成为黏流态，再与热沥青混合，在强力搅拌下达到均匀，制成改性沥青。粉状聚合物可采用喷射器直接喷入热沥青中，再强力搅拌均化。胶乳型聚合物也可以直接加入热沥青中，但要在加压釜中搅拌脱水均化，以防止因脱水发泡引起冒罐，而脱水则要增加能耗，因此最好是制备成改性沥青乳液。

直接混溶法使用的改性沥青设备主要有高速剪切和胶体磨两大类。目前我国主要采用胶体磨法。

1）采用高速剪切方式生产改性沥青在我国也不失为一个简单高效的办法，其中最关键的设备高速剪切混炼机已有不同型号的国产产品可供选用，其他配套设备生产单位可以自行设计加工，这些设备一般都是立式的，属于单罐单批的间歇式生产方式，生产一罐所需的剪切搅拌时间一般不超过20～30min。

由于聚合物分子量和化学结构的不同，与沥青的溶解速度差别很大，对于SBS、PE等改性剂，不宜用螺旋叶片搅拌机生产改性沥青，而对于EVA、APP这样容易被沥青溶解的树脂类聚合物，则可以采用螺旋叶片搅拌机搅拌的方法来生产改性沥青。

2）对于不宜使用螺旋搅拌法生产改性沥青的聚合物，则需要采用胶体磨将聚合物研磨成很细的颗粒，以增加沥青与聚合物改性剂的接触面积，从而促进沥青与聚合物的溶解。这种生产改性沥青的工艺可以在改性沥青生产厂生产改性沥青，也可以将设备运到施工现场边生产边施工（这种工业特别适合于不能得到稳定性好的改性沥青的情况）。

用胶体磨法生产高聚物改性沥青的加工原理和工艺流程参见图3-6。沥青经导热油加热后，经泵B_1、阀门L_1、流量计S、阀门F_1，进入搅拌罐A，从A的上方加入已经精确计量的改性剂，经过一定时间的混溶，打开阀门F_2，使混合体系进入胶体磨M进行第一次研磨，然后经过阀门

L_2、F_3再次进入搅拌罐 A，再经过阀门 F_4 进入 B 罐，经过 A-A、A-B、B-C 多次研磨，进入产品罐 C。对于 EVA 等较易分散的改性材料，也可以经过 A-C 一次流程，并且胶体磨的间隙可以提高需要进行调整。

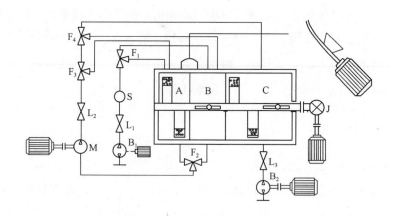

图 3-6　改性沥青加工流程示意图

M—胶体磨；A，B—搅拌罐；C—成品罐；L_1、L_2、L_3—两通阀门；

F_1、F_2、F_3、F_4—三通阀门；B_1、B_2—沥青泵；S—沥青流量计；J—减速器

图 3-6 的工艺流程示意图中，胶体磨是改性沥青设备的核心，它处于高温、高速运转的环境下，胶体磨的外层为夹套结构，设有循环保温体系，同时起着减震和减低噪声的作用，胶体磨内部带有一定数量齿槽的环状动盘和环状定盘磨刀，其间隙可以调整，物料粒度的均匀性和胶溶效果由齿槽的深度、宽度及磨刀的数量形成结构的特定工作区域来决定。随着动盘的高速旋转，改性剂受到强大的剪切和碰撞而不断分散，将颗粒磨细，与沥青形成混溶的稳定体系，达到均匀共混的目的。

采用高剪切混炼器法或胶体磨法生产改性沥青，一般都需要经过聚合物的溶胀、分散磨细、继续发育 3 个过程。每一个阶段的工艺流程和时间随改性剂、沥青以及加工设备的不同而异，聚合物经过溶胀后，其剪切分散效果才会更好，剪切分散好的改性沥青还需要储存一定时间使之继续发育，对不稳定的改性沥青体系，在发育过程中要继续搅拌。

对于热塑性橡胶可以采用直接混溶法。首先将橡胶切成小块，直接加入到熔融的沥青中，在机械和温度的作用下，橡胶发生溶胀、溶解作用，形成均匀分散的体系，使沥青具有橡胶的某些特性，对于热塑性的丁苯橡胶、聚氨酯橡胶都可以采用直接混溶法工艺制造橡胶沥青防水涂料。采用这种工艺方法生产改性沥青防水涂料可加入较多数量的橡胶。再生橡胶沥青防水涂料也可以采用直接混溶法工艺，再生橡胶粉在熔融的沥青中，借助机械、温度和压力的作用，发生脱硫、产生溶胀和粘结连接，从而制得性能较好的再生橡胶沥青防水涂料。

以上两种工艺流程已广泛应用，橡胶类改性沥青的制造如没有胶体磨是比较困难的，需要在配方上给予一定的调整。

3. 溶剂法

SBS、SBR 改性材料都可以找到相近的溶剂将其事先溶解或溶胀，改性沥青在使用胶体磨之前，溶

剂法的使用是十分广泛的。

采用溶剂法生产的改性沥青，其设备简单、投资少，是小型生产改性沥青企业首选的工艺流程，以SBR 改性沥青为例，其生产工艺流程见图 3-7。

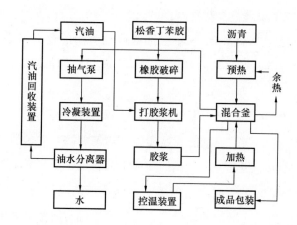

图 3-7　溶剂法橡胶沥青生产流程示意图

随着科技的发展，我国溶剂的生产已发生了很大的变化，现在选用能够和橡胶相容的溶剂已不是很困难了，对于普通橡胶具有良好溶胀作用的溶剂以石油馏分为主，这些溶剂可以在混合料制备过程中非常稳定，对沥青的低温柔性并没有不良的影响，具有良好的溶胀作用的溶剂和普通橡胶碎片共同混合，降低了橡胶的内聚力，然后，将这些混合物送入橡胶密炼机进行混合密炼，在密炼过程中加入沥青，以这种工艺可以制得浓度超过 50％的橡胶改性沥青。不过，这一工艺方法以已不完全是溶剂法工艺了。

4. 母料法

将浓度很高的改性沥青预先在工厂中制作好，运到施工现场稀释以后使用，这种工艺方式称之为改性沥青的母料制作法，用该工艺制作的高浓度改性沥青一般在常温下都是固体，运输和储存比较方便，施工现场也不需要配比复杂、功率很大的胶体磨一类的设备。

母料的制作工艺有两种方法：一是直接混溶法；二是溶剂法。工业上使用的改性沥青母料主要有SBS、SBR 两类改性沥青，因 APP 很容易溶解到沥青中去，所以没有做母料的价值。母料法制作的改性沥青常在道路施工中使用，但在防水材料工业中则很少采用。

3.2.4　聚合物改性剂的溶胀

为了提高聚合物改性剂对沥青材料的改性效果，使聚合物改性材料尽可能充分地溶胀是一个重要条件。现仍以 SBS 为例，介绍聚合物改性剂的溶胀。

SBS 是丁二烯和苯乙烯的嵌段共聚物。其中丁二烯为软段弹性体，苯乙烯为硬段，软段作为连续相，使 SBS 呈弹性状态，硬段则分布于丁二烯之间作为分散相起着固定和补强作用。SBS 用于沥青材料的改性时，苯乙烯区域被沥青中的芳香分所溶胀，丁二烯的链段被溶胀伸长作为弹性键，发生相转移变化，SBS 在沥青中混溶时变成小颗粒后，表面能力增大，吸附沥青中结构相近的组分形成界面吸附层以降低其表面能，这种溶胀和吸附的形式，使得 SBS 稳定地分布在沥青中。

SBS 对于沥青的改性总的来说是一个物理共混的过程，SBS 经过高速剪切后与沥青形成连续的网站结构，沥青与 SBS 形成微观混合相容状态。SBS 链因吸收沥青中的烃类组成溶胀，从而使 SBS 体积膨胀，完全溶胀后的 SBS 体积可增加到原来的 8 倍左右，SBS 变成伸长溶胀的网状连续相，沥青则成为分立的球状体。

不同的溶胀时间，SBS 改性沥青的针入度、软化点、5℃延度是不同的。溶胀是改性沥青加工工艺的一个十分重要的环节，要使聚合物改性剂能高度粉碎并均匀分散，大颗粒的改性剂必须与基质沥青均匀地混合在一起，同时进行剪切，这是一个必须的准备工艺。用于溶胀的工艺装置——搅拌罐的数量和溶剂的大小，在整条生产线预定的生产能力的前提下，涉及工艺流程的平顺运行，又涉及 SBS 溶胀必不可少的时间，因此搅拌罐的数量和溶剂的设计，首先要解决确定溶胀时间的问题。

SBS 的溶胀不仅受到溶胀时间的制约，而且还受到沥青的牌号、溶胀的温度、改性剂掺量等因素的影响，尤其是基质沥青，虽属同一牌号，由于矿源和生产企业的不同，甚至生产批号的不同，其沥青的组分含量也是不相同的。由此可见影响到改性剂溶胀的因素十分复杂，要得到一个比较精确的溶胀时间是十分困难的，具体应视实际情况，通过在相同条件下的试验数据来决定。

聚合物改性剂的溶胀温度是影响改性效果的又一重要因素，SBS 的熔点在 180℃左右，若基质沥青的温度越高，SBS 则越容易被溶化，并能加快 SBS 的溶解速度，但沥青的温度越高，沥青自身也容易老化，故掌握沥青的加热温度也是一个关键的问题。

3.2.5　聚合物改性剂的研磨细化

从工艺的角度来讲，非固化橡胶沥青防水涂料生产的关键之一是沥青的改性，也就是针对 SBS 内聚力很强、延伸性好、弹性高、难以高度粉碎的特点，采用先进的研磨设备和工艺将其细化后均匀、稳定地分散在沥青材料的基体中。

采用研磨法工艺生产的 SBS 改性沥青，SBS 颗粒在溶胀充分后，就可以进入研磨工序了，通过研磨，使 SBS 分子团受到强烈的剪切作用，SBS 也容易断裂成为较小的分子链。当 SBS 颗粒被研磨得很细之后，继续研磨的剪切作用对分子链的破坏作用就变得很小了，而断链后形成的 R-CH 自由基则具有很高的反应活性，能够与 SBS 分子中的双键发生聚合反应，生成部分带支链的 SBS 分子。因而采用研磨法工艺生产的 SBS 改性沥青其黏度比较高，但由于 SBS 的分子链已变短，故采用研磨法工艺生产的 SBS 改性沥青的延伸性则相对要小一些，但又由于采用研磨法工艺研磨，SBS 分散得比较均匀，形成网状分布，故其软化点相对较低。当 SBS 充分溶胀后进行研磨，研磨遍数不同，SBS 改性沥青的针入度、软化点、5℃延度以及细度是各不相同的。以细度为例，在进行第一遍研磨后，其细度在 $10 \sim 30 \mu m$；第二遍研磨后，其细度在 $5 \sim 10 \mu m$；到了第三遍研磨之后，其细度基本在 $2 \sim 5 \mu m$ 了。在一般情况下，研磨两次就能使 SBS 改性沥青达到较好的性能了。

高速剪切等专用研磨机则可在最短的时间内，通过强大的以剪切力为主的多种外力的作用，强制地将 SBS 改性剂破碎，从而使 SBS 能充分均匀地分散到基质沥青中去。SBS 在受到剪切或强拉伸力作用时，比较多的是分子链先断裂，而不是分子间的简单脱节，致使 SBS 主要以微米级粒子的形态存在于沥青中。科研人员经试验证明：当 SBS 的微粒直径在 $1\mu m$ 左右时，SBS 改性沥青具有最优的综合技术性能，其效果亦最为理想。

3.2.6　非固化橡胶沥青防水涂料的生产设备

非固化橡胶沥青防水涂料采用的生产设备包括改性沥青搅拌罐（混合设备）、高剪切力研磨均化设备、冷却装置和精确计量灌装装置等。

非固化橡胶沥青防水涂料的生产设备精细先进，操作流程合理。这些设备一般均为通用设备，但由于不同性能要求的涂料产品，其黏度是不一样的，故制作涂料的搅拌混合设备仍有较多的选择。封闭式的搅拌釜和胶体磨，这两类混合设备的最大优点是在混合过程中、体系中各相是在封闭情况下共同混合的，其可以施加较大的功率。高速度、高剪切，不会使液料飞溅到搅拌罐外部，可以在相当大的范围内满足各种高、低黏度液体混合的要求。

1. 胶体磨

胶体磨是一种可将大小为 0.2mm 左右的物料粉碎到 $1\mu m$ 以下的设备。其基本工作原理是剪切、研磨以及高速搅拌作用，磨碎是依靠两个齿形面的相对运动。其中一个为高速旋转，另一个为静止，使通过齿面之间的物料在受到极大的剪切力及摩擦力的同时，又在高频震动、高速旋涡等复杂力的作用下，得到有效的分散、浮化、粉碎、均质。

胶体磨同物料接触的部件全部采用优质的不锈钢制成，动静磨片是胶体磨的关键部件，在制造时已进行了强化处理，具有良好的耐磨性和耐腐蚀性。根据被处理物料的性质不同，磨片的齿形是有所区别的。胶体磨分以下两种：

1）单阶式物料通道混合磨

这类胶体磨的工作原理是物料由轴的中心吸入，经过单阶的磨道，由于离心力的作用从周边甩出，改性沥青混合料在这一过程中受到很强烈的剪切作用，橡胶类材料被剪切成极小的颗粒，均匀地分散在沥青中。这类单阶式胶体磨的主要工艺参数为：进料粒度 3～5mm，出料粒度 0.02mm，电机功率 110～130kW，转子转速为 1440～3000r/min，生产能力 10～14t/h。

2）三阶式物料通道混合磨

这类胶体磨的工作原理也是物料从轴的中心吸入，在离心力的作用下从周边甩出，和单阶式胶体磨的差别在于胶体磨的磨道不是直通的，而是有 3 层台阶，物料在被甩出以前要经过 3 层不同高度的缝隙，因此剪切作用更强。三阶式物料通道混合磨的截面结构见图 3-8。

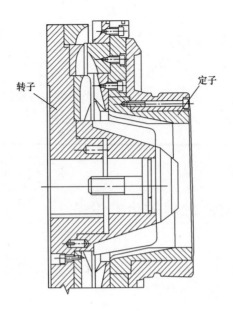

图 3-8　三阶式物料通道混合磨的截面结构

2. 搅拌釜

搅拌是指采用机械搅拌和空气搅拌等方式，对两种或多种物料进行混合的一种操作工艺。搅拌可以促进物料的物理变化和化学反应，一般在搅拌釜中进行。

搅拌釜是指具有物理和化学反应、可实现工艺要求的加热、蒸发、冷却以及低高速的混配反应功能的，能完成硫化、硝化、氢化、烃化、聚合、缩合等工艺过程的一类不锈钢压力容器。其是利用旋转装置或压缩空气（或蒸汽）进行搅拌的，通常用于混合液体与液体、液体与固体或液体与气体的一类混合设备。

搅拌釜由釜体、釜盖、夹套、搅拌器、传动装置、轴封装置、支承等部件组成。釜体由不锈钢做成，带有可用于加热或冷却的夹套和外带保温层，夹套的加热方式有电加热、蒸汽加热、导热油加热等多种形式，应根据物料的性质来选择搅拌釜的设备材质和搅拌形式。

1）搅拌器的种类及应用

搅拌器是搅拌釜进行搅拌操作的主要部件，搅拌器的主要组成部分是叶轮。叶轮随着旋转轴运动将机械能施加给物料，从而促使物料运动，搅拌器旋转时把机械能传递给流体，在搅拌器附近形成高湍动的充分混合区，并产生一股高速射流推动液体在搅拌釜内循环流动。

液体在搅拌釜内作循环流动的形式可分为径向流、轴向流和切向流。这三种流动形式通常在搅拌时同时存在，轴向流与径向流对物料的混合起着主要的作用，切向流则应加以抑制。流动形式与搅拌效果、搅拌功率的关系十分密切，流动的形式取决于搅拌器的形式、搅拌容器和内构件的几何特征以及物料的性质、搅拌器的转速等诸多因素。

搅拌器的类型众多，根据搅拌器叶轮形式的不同可分为桨式、锚式、涡轮式、框式、齿片式、螺带式、螺杆式、推进式等。

搅拌器按其结构的不同，可分为平叶搅拌器、折叶搅拌器、螺旋面叶搅拌器。其中桨式、涡轮式、框式、锚式的桨叶都有平叶和折叶两种结构；推进式、螺杆式和螺带式搅拌器的桨叶为螺旋面叶结构。

搅拌器按其不同用途，可分为低黏液体用搅拌器和高黏液体用搅拌器。低黏液体用搅拌器有推进式、长薄叶螺旋式、桨式、开启涡轮式、圆盘涡轮式、布鲁马金式、板框式、三叶后弯式等；高黏液体用搅拌器有锚式、框式、锯齿圆盘式、螺旋桨式、螺带式（单螺带、双螺带）、螺杆式等。

桨式、锚式、涡轮式等搅拌器在搅拌反应釜设备中应用最为广泛。

（1）桨式搅拌器

桨式搅拌器可分为平桨式（平直叶）搅拌器和斜桨式（折叶）搅拌器两种类型。平桨式搅拌器由两片平直桨叶构成，圆周速率为 1.5～3m/s，所产生的径向液流速度较小；斜桨式搅拌器的两叶相反折转 45°或 60°，因而产生轴向液流。桨式搅拌器的桨叶一般采用扁钢、不锈钢或有色金属材料制成，桨叶不宜过长，若搅拌釜的直径很大时，可采用两个或多个桨叶。搅拌釜中的物料层若很深时，则可在轴上装置数排桨叶。

桨式搅拌器结构简单，适用于流动性大、黏度小的液体物料的混合，也适用于纤维状和结晶状固体微粒的溶解和悬浮。桨式搅拌器不能应用于以保持气体和以细微化为目的的气-液分散操作中。

斜桨式搅拌器比平桨式搅拌器功耗少、操作费用低，故使用较多。

（2）锚式搅拌器

锚式搅拌器其桨叶外形似船锚得名，桨叶的外缘与搅拌釜内壁要一致且桨叶的外缘接近搅拌釜内壁，其间应仅有很小的间隙，可清除附在搅拌釜内壁上的黏性反应物或堆积在搅拌釜底的固体物，以免物料在搅拌釜壁沉积，保持良好的传热效果。锚式搅拌器的转速较低，每分钟 20～80r，适用于搅拌稠厚的和黏度较大的物料。当流体黏度在 10～100Pa·s 时，可在锚式桨叶中间加设一横桨叶，以增加容器中部的混合，此时其即为框式搅拌器。

非固化橡胶沥青防水涂料的配制，多采用锚式搅拌器。

（3）涡轮式搅拌器

涡轮式搅拌器是指具有涡轮结构的一类搅拌器，在液体中的操作情况很像一个不带外壳的离心泵叶轮，有开启式和封闭式两类。根据使用要求的不同，可有多种形式，可分为开式和盘式两大类。开式涡轮搅拌器根据叶轮结构的不同可分为平直叶、斜叶、弯叶等，叶片数为 2 叶和 4 叶；盘式涡轮搅拌器根据叶轮结构的不同可分为圆盘平直叶、圆盘斜叶、圆盘弯叶等，叶片数为 6 叶。直叶和弯叶涡轮搅拌器主要产生径向流，斜桨式（折叶）搅拌器主要产生轴向流。涡轮式搅拌器的搅拌效率很高，适用于大容量和固体含量小于 60%、黏度较大的液体，也可以制备乳浊液和密度差大的悬浮液。

高速涡轮搅拌机是一种很有效的工业化生产的搅拌设备，因其工作原理类似涡轮机，故名高速涡轮搅拌机。图 3-9 为其工作原理图。图 3-10 为实验室用涡轮搅拌机，这类涡轮搅拌机的搅拌轴可以适应各种各样的组合，搅拌轴转速一般可超过 10000r/min，与桨叶式的搅拌轴相比，其效率更高，操作更为安全。

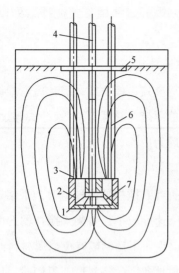

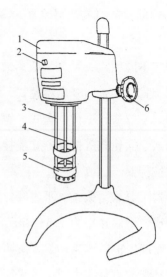

图 3-9　涡轮（离心）搅拌机工作原理

1—底板；2—定子；3—轴承；4—主轴；5—折流板；

6—拉杆；7—转子

图 3-10　实验室用涡轮（离心）搅拌机

1—直流电动机；2—指示灯；3—固定轴；

4—搅拌轴；5—封闭式搅拌头；6—升降旋钮

2）搅拌器的选型

搅拌器是搅拌釜的关键部件之一，应根据釜内不同物料的物理性质、容量、搅拌目的等因素来选择相应的搅拌器，这对促进化学反应的速度、提高生产效率是能起到很大作用的。搅拌器装置的设计选型与搅拌作业目的是紧密结合的，各种不同的搅拌过程需要由不同搅拌装置的运行来实现的，在设计选型时，首先应根据工艺对搅拌作业的目的和要求，确定搅拌器的形式、电动机功率、搅拌速度，然后再选择减速机、机架、搅拌轴、轴封等部件。具体的选型步骤要求如下：

（1）按照工艺条件、搅拌目的和要求，依据搅拌器的动力特性和搅拌器在搅拌过程中所产生的流动状态与各种搅拌目的的因果关系选择搅拌器的型式。按照已确定的搅拌器型式以及在进行搅拌过程中所产生的流动状态，根据生产工艺对搅拌混合时间、沉降速度、分散度的控制要求，通过试验手段、计算机模拟设计等方法，确定电动机的功率、搅拌的速度以及搅拌器的直径。

（2）依据电动机的功率、搅拌的速度以及确定的工艺条件，可从减速机选型表中选择减速机机型；并按照减速机的输出轴头和搅拌轴系支承方式选取与减速机的输出轴头相同型号的机架、联轴器；根据机架搅拌轴头尺寸，安装容纳空间、工作压力、工作温度等因素，选择轴封型式；根据安装形式和结构要求，选择搅拌轴的结构型式，并应校验其强度、刚度。

（3）根据机架的公称尺寸、搅拌轴型式及压力等级，选择安装底盖、凸缘底座或凸缘法兰。根据支承和抗震条件，确定是否需要配置辅助支承系统。

以上介绍的胶体磨、搅拌釜等混合搅拌设备，是目前常用的橡胶类改性沥青混合设备。若没有这些设备，要用直接混溶法制作比较好的橡胶类改性沥青是很困难的；如果没有这一类设备，一般可以在高速搅拌的情况下延长搅拌时间，欲达橡胶充分分散的目的，橡胶在沥青中的分散一定需要将沥青加热至150℃以上，橡胶才有可能产生从溶胀到分散这一过程。

聚合物与沥青的混合时间因体系的不同而其差异很大，有的几分钟就可以了，有的则需要几个小时，最佳混合时间是以改性沥青的针入度、软化点、黏度达到稳定、又没有因为沥青氧化使黏度增加时的时间为佳。图 3-11 是沥青材料和 SBS 混合过程中软化点、黏度随时间变化规律和最佳混合时间的示意图。对于不稳定的体系，改性沥青在使用以前要进行连续搅拌。

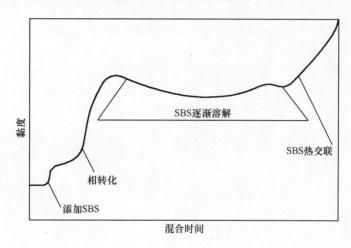

图 3-11　SBS-沥青体系的最佳混合时间

Chapter 04

第 4 章

非固化橡胶沥青防水涂料的检测规则和试验方法

4.1

非固化橡胶沥青防水涂料的检测规则

非固化橡胶沥青防水涂料的检测规则如下：

1）非固化橡胶沥青防水涂料按检验类型分为出厂检验和型式检验。

（1）出厂检验项目包括：外观、闪点、固体含量、延伸性、低温柔性和耐热性。

（2）型式检验项目包括：外观、闪点、固体含量、粘结性能、延伸性、低温柔性、耐热性、耐酸性、耐碱性、耐盐性、自愈性、渗油性、应力松弛、抗窜水性。在下列情况下进行型式检验：①新产品投产或产品定型鉴定时；②正常生产时，每年进行一次；③原材料、工艺等发生较大变化，可能影响产品质量时；④出厂检验结果与上次型式检验结果有较大差异时；⑤产品停产 6 个月以上恢复生产时。

2）非固化橡胶沥青防水涂料的检验组批：以同一类型 10t 为一批，不足 10t 也作为一批。

3）非固化橡胶沥青防水涂料的检验抽样：在每批产品中随机抽取两组样品，一组样品用于检验，另一组样品封存备用，每组至少 4kg。

4）非固化橡胶沥青防水涂料的检验判定规则如下：

（1）单项判定

① 外观：抽取的样品外观符合标准规定时，判该项合格。否则判该批产品不合格。

② 物理力学性能：①闪点、固含量、延伸性、质量变化、应力松弛以其算术平均值达到标准规定的指标判为该项合格。②粘结性能、低温柔性、耐热性、自愈性、渗油性、抗窜水性以每个试件分别达到标准规定时判为该项合格。③各项试验结果均符合标准规定，则判该批产品物理力学性能合格。④若有两项或两项以上不符合标准规定，则判该批产品不合格。⑤若仅有一项指标不符合标准规定，允许用备用样对不合格项进行单项复验。达到标准规定时，则判该批产品物理力学性能合格，否则判为不合格。

（2）总判定

试验结果全部符合标准要求时，则判该批产品合格。

4.2

非固化橡胶沥青防水涂料的试验方法

4.2.1　标准试验条件

标准试验条件为：温度(23±2)℃，相对湿度(60±15)%。

试验前样品和所用试验器具应在标准试验条件下放置至少24h。

4.2.2　非固化橡胶沥青防水涂料的外观试验方法

产品热熔后搅拌目测检查。

4.2.3　非固化橡胶沥青防水涂料的物理力学性能试验方法

4.2.3.1　闪点

开口杯法测定闪点。试验原理：把试样装入内坩埚中到规定的刻线。首先迅速升高试样的温度，然后缓慢升温，当接近闪点时，恒速升温。在规定的温度间隔，用一个小的点火器火焰按规定通过试样表面，以点火器火焰使试样表面上的蒸汽发生闪火的最低温度，作为开口杯法闪点。

1. 仪器与材料

1) 仪器

(1) 开口闪点测定器

开口闪点测定器其结构如图4-1所示。该仪器可采用煤气灯、酒精喷灯或适当的电炉加热。

内、外坩埚均是用08号或10号优质碳素结构钢制成。内坩埚上口内径为（64±1）mm，底部内径

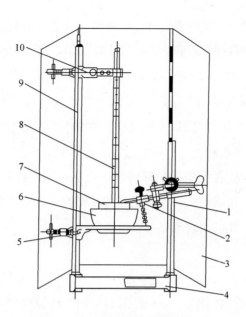

图 4-1　开口闪点测定器结构示意

1—点火器支柱；2—点火器；3—屏风；4—底座；5—坩埚托；6—外坩埚；7—内坩埚；

8—温度计；9—支柱；10—温度计夹

为（38±1）mm，高为（47±1）mm，厚度约 1mm，内壁刻有两道环状标线，与坩埚上口边缘的距离分别为 12mm 和 18mm。其具体尺寸见图 4-2。外坩埚厚约 1mm，其尺寸见图 4-3。

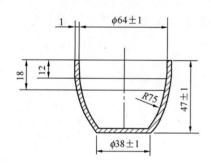

图 4-2　内坩埚（单位：mm）

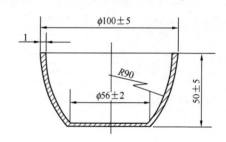

图 4-3　外坩埚（单位：mm）

点火器喷孔直径为 0.7～0.8mm，应能调整火焰长度，使成为 3～4mm 近似球形，并能沿坩埚水平面任意移动。温度计符合相关标准规定。防护屏用镀锌铁皮制成，高为 550～650mm，屏身内壁涂成黑色。铁支架高约 500mm，无论用电炉或煤气灯加热，必须保证温度计能垂直地伸插在内坩埚中央。

（2）煤气灯、酒精喷灯或电炉（测定闪点高于 200℃的试样时，必须使用电炉）。

2）材料

符合 SH 0004—1990《橡胶工业用溶剂油》要求的溶剂油。

2. 准备工作

试样的水分大于 0.1％时，必须脱水。脱水处理是在试样中加入新煅烧并冷却的食盐、硫酸钠或无水氯化钙进行。试样允许加热至 50℃～80℃时用脱水剂脱水。脱水后，取试样的上层澄清部分供试验使用。

内坩埚用溶剂油洗涤后，放在点燃的煤气灯（酒精喷灯或电炉）上加热，除去遗留的溶剂油。待内坩埚冷却至室温时，放入装有细砂（经过煅烧）的外坩埚中，使细砂表面距离内坩埚的口部边缘约12mm，并使内坩埚底部与外坩埚底部之间保持厚度为5～8mm的砂层。

试样注入内坩埚时，对于闪点在210℃和210℃以下的试样，液面距离坩埚口部边缘为12mm（即内坩埚内的上刻线处），对于闪点在210℃以上的试样，液面距离口部边缘为18mm（即内坩埚内的下刻线处）。试样向内坩埚注入时，不应溅出，而且液面以上的坩埚壁不应沾有试样。

将装好试样的坩埚平稳地放置在支架上的铁环（或电炉）中，再将温度计垂直地固定在温度计夹上，并使温度计的水银球位于内坩埚中央，与坩埚底和试样液面的距离大致相等。测定装置应放在避风和较暗的地方并用防护屏围着，使闪点现象能够看得清楚。

3. 试验步骤

1）加热坩埚，使试样逐渐升高温度，当试样温度达到预计闪点前60℃时，调整加热速度，使试样温度达到闪点前40℃时能控制升温速度为每分钟升高（4±1）℃。

2）试样温度达到预计闪点前10℃时，将点火器的火焰放到距离试样液面10～14mm处，并在该处水平面上沿着坩埚内径作直线移动，从坩埚的一边移至另一边所经过的时间为2～3s。试样温度每升高2℃应重复一次点火试验。点火器的火焰长度，应预先调整为3～4mm。

3）试样液面上方最初出现蓝色火焰时，立即从温度计读出温度作为闪点的测定结果，同时记录大气压力。注意试样蒸汽的闪火同点火器火焰的闪光不应混淆。如果闪火现象不明显，必须在试样升高2℃时继续点火证实。

4. 大气压力对闪点影响的修正

1）大气压力低于99.3kPa(745mmHg)时，试验所得的闪点 t_0（℃）按式4-1进行修正（精确到1℃）。

$$t_0 = t + \Delta t \tag{4-1}$$

式中：t_0——相当于101.3kPa(760mmHg)大气压力时的闪点，单位摄氏度（℃）；

t——在试验条件下测得的闪点，单位摄氏度（℃）；

Δt——修正数，单位摄氏度（℃）。

2）大气压力在72.0～101.3kPa（540～760mmHg）范围内，修正数 Δt（℃）可按式4-2或4-3计算：

$$\Delta t = (0.00015t + 0.028) \cdot (101.3 - P)7.5 \tag{4-2}$$

$$\Delta t = (0.00015t + 0.028) \cdot (760 - P_1) \tag{4-3}$$

式中：　　　P——试验条件下的大气压力，单位千帕（kPa）；

t——在试验条件下测得的闪点，单位摄氏度（℃）；

0.00015，0.028——试验常数；

7.5——大气压力单位换算系数；

P_1——试验条件下的大气压力，单位千帕（kPa）。

注：对 64.0～71.9kPa（480～539mmHg）大气压力范围，测得闪点的修正数 Δt（℃）也可以参照采用式 4-2 或式 4-3 进行计算。

此外修正数 Δt（℃）还可以从表 4-1 查出。

表 4-1　修正数 Δt（℃）

闪点或燃点 ℃	在下列大气压力 ［kPa（mmHg）］ 时修正数 Δt,℃										
	72.0 (540)	74.6 (560)	77.3 (580)	80.0 (600)	82.6 (620)	85.3 (640)	88.0 (660)	90.6 (680)	93.3 (700)	96.0 (720)	98.6 (740)
100	9	9	8	7	6	5	4	3	2	2	1
125	10	9	8	8	7	6	5	4	3	2	1
150	11	10	9	8	7	6	5	4	3	2	1
175	12	11	10	9	8	6	5	4	3	2	1
200	13	12	10	9	8	7	6	5	4	2	1
225	14	12	11	10	9	7	6	5	4	2	1
250	14	13	12	11	9	8	7	5	4	3	1
275	15	14	12	11	10	8	7	6	4	3	1
300	16	15	13	12	10	9	7	6	4	3	1

摘自 GB 267—1988

5. 重复性及报告

同一操作者重复测定的两个闪点结果之差不应大于 6℃。取重复测定两个闪点结果的算术平均值，作为试样的闪点。

4.2.3.2　固体含量

1. 试验器具

天平：精度为 0.1mg。

电热鼓风烘箱：控温精度±2℃。

干燥箱：内放变色硅胶或无水氯化钙。

培养皿：直径 60～75mm。

2. 试验步骤

按生产商要求将试样热熔。取（6±1）g 的样品倒入已干燥称量的培养皿（m_0）中并铺平底部，立即称量（m_1），再放入到加热至（105±2）℃的烘箱中，恒温 3h，取出放入干燥器中，在标准试验条件下冷却 2h，然后称量（m_2）。

3. 结果计算

固体含量按式 4-4 计算：

$$X = (m_2 - m_0)/(m_1 - m_0) \times 100 \tag{4-4}$$

式中：X——固体含量（质量分数），单位（%）；

　　　m_0——培养皿质量，单位克（g）；

　　　m_1——干燥前试样和培养皿质量，单位克（g）；

　　　m_2——干燥后试样和培养皿质量，单位克（g）。

试验结果取两次平行试验的平均值，结果计算精确到 1%。

4.2.3.3 粘结性能

1. 干燥基面

1）试验器具

拉伸试验机：试验荷载在量程的 15%～85% 之间。示值精度不低于 1%，伸长范围大于 500mm。
电热鼓风烘箱：控温精度±2℃。

"8"字形金属模具，如图 4-4 所示，中间用插片分成两片。

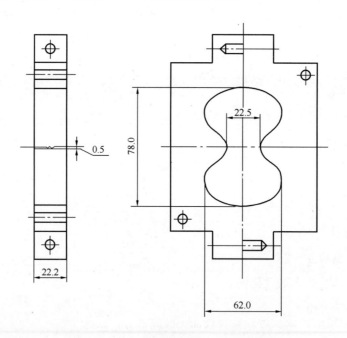

图 4-4　"8"字形金属模具（单位：mm）

粘结基材："8"字形水泥砂浆块，如图 4-5 所示。采用强度等级 42.5 的普通硅酸盐水泥，将水泥、中砂按照质量比 1:1 加入砂浆搅拌机中搅拌，加水量以砂浆稠度 70～90mm 为准，倒入模框中振实抹平，然后移入养护室，1d 后脱模，水中养护 10d 后再在（50±2）℃的烘箱中干燥（24±0.5)h，取出在标准条件下放置备用，同样制备 5 对砂浆试块。

2）试验步骤

试验前制备好的砂浆块、工具、涂料应在标准条件下放置 24h 以上。

取 5 对砂浆块用 2 号砂纸清除表面浮浆。按生产厂家要求将试样热熔在砂浆块成型面上，涂抹均匀，将两个砂浆块断面对接、压紧，砂浆块间涂料的厚度不超过 0.5mm。然后将制得的试件在标准条件下养护 24h。不需要脱模，制备 5 个试件。

将试件安装在试验机上，保持试件表面垂直方向的中线与试验机夹具中心在一条线上，以(5±1)mm/min 的速度拉伸至试件破坏。

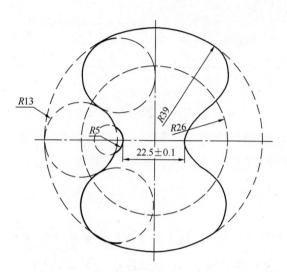

图 4-5 "8"字形水泥砂浆块（单位：mm）

3）结果判定

试验后砂浆块表面无裸露部分，认为 100％内聚破坏。

2. 潮湿基面

按 4.2.3.3 制备"8"字形砂浆块。取 5 对养护好的水泥砂浆块，用 2 号砂纸清除表面的浮浆，然后将砂浆块在（23±2)℃的水中浸泡 24h。从水中取出砂浆块用纸擦干表面的水渍，晾置 5min。在砂浆块断面上涂抹按生产厂家要求热熔好的涂料，将两个砂浆块断面对接、压紧，砂浆块间涂料的厚度不超过 0.5mm。试件制备后在标准试验条件养护 24h。制备 5 个试件。

将试件安装在试验机上，保持试件表面垂直方向的中线与试验机夹具中心在一条线上，以（5±1）mm/min 的速度拉伸至试件破坏。试验温度为（23±2)℃。

按 4.2.3.3 3）结果判定。试验后砂浆块表面无裸露部分，认为 100％内聚破坏。

4.2.3.4　延伸性

1. 试验仪器

拉伸试验机：试验荷载在量程的 15％～85％之间。示值精度不低于 1％，伸长范围大于 500mm。

2. 试件制备

铝板：化学成分应符合 GB/T 3190—2008《变形铝及铝合金化学成分》中 6060♯或 6063♯的规定，具体要求见表 4-2。

表 4-2　铝板化学成分要求

牌号	化学成分（质量分数)%										Al
	Si	Fe	Cu	Mn	Mg	Cr	Zn	Ti	其他		
									单个	合计	
6060#	0.30～0.6	0.10～0.30	≤0.10	≤0.10	0.35～0.6	≤0.05	≤0.15	≤0.10	≤0.05	≤0.15	余量
6063#	0.20～0.6	≤0.35	≤0.10	≤0.10	0.45～0.9	≤0.10	≤0.10	≤0.10	≤0.05	≤0.15	余量

摘自 GB/T 3190—2008

将两块 120mm×50mm×(2～4)mm 的上述铝板沿短边对接成一整体，两块铝板之间的缝隙不得大于 0.05mm，然后按生产厂家要求将试样热熔到铝板上，两块铝板中间涂覆面积为 150mm×50mm，厚度为(2±0.2)mm，共制备 3 个试件，并在标准试验条件下养护 24h。

3. 试验步骤

将试件夹持在拉力机的夹具中心，并不得歪扭变形，记录此时延伸尺指针所示数值 L_0，开动拉力机，拉伸速度为 10mm/min，使试件受拉至裂口从试件边缘开裂或收缩至 10mm 时为止，记录此时延伸尺指针所示值 L_1，精确到 1mm。

4. 结果计算

延伸性按式（4-5）计算：

$$L = L_1 - L_0 \tag{4-5}$$

式中：L——延伸性，单位毫米（mm）；

　　L_0——试件拉伸前的延伸尺寸指针读数，单位毫米（mm）；

　　L_1——试件拉伸后的延伸尺寸指针读数，单位毫米（mm）。

试验结果取 3 个试件的算术平均值，结果精确到 1mm。

4.2.3.5　低温柔性

1. 试验器具

低温冰柜：能达到－20℃，控温精度±2℃。
圆棒：直径 20mm。

2. 试验步骤

在 100mm×100mm 的 70～90g/m² 的白纸上热熔试样，厚度为（2±0.2)mm，裁取 100mm×25mm 试件 3 块，标准条件下养护 24h 后。将试件和直径为 φ20mm 圆棒放入已调节到规定温度下的低温冰柜中，在规定的温度下保持 1h，然后将试件绕圆棒在 3s 内弯曲 180°，弯曲 3 个试件，立即取出试件用肉眼观察试件表面有无裂纹、断裂。试验时涂料面朝外。

4.2.3.6　耐热性

1.试验器具

电热鼓风干燥箱:控温精度±2℃。

铝板:厚度为2～4mm,面积大于120mm×50mm。

2.试验步骤:

将试样热熔刮涂到120mm×50mm×(2～4)mm的铝板上,涂覆面积为100mm×50mm,厚度为(2±0.2)mm,在标准试验条件下放置24h。将试件50mm短边与支架下部接触,并与水平面成45°角放入已恒温至规定温度的电热鼓风干燥箱内,试件与干燥箱壁间的距离不小于50mm,试件的中心宜与温度计的探头在同一水平位置。试件处理2h±15min后取出,观察表面。共试验3个试件。试验后记录试件有无产生滑动、流淌、滴落。

4.2.3.7　热老化

1.试样处理

将约120g试样置于直径200mm表面皿中并刮平,厚度为3～4mm。然后放入到已恒温至(70±2)℃烘箱中,保持(168±2)h。

2.延伸性

将处理后的试样按4.2.3.4节1.制备试件,按4.2.3.4节2.进行试验,结果计算按4.2.3.4节3.进行。

3.低温柔性

将处理后的样品按4.2.3.5节进行试验。

4.2.3.8　耐酸性

1.延伸性

1)试件制备

按4.2.3.4节1.制备3个试件,基材采用120mm×50mm×4mm玻璃板或其他合适基材。玻璃板应符合GB 11614—2009《平板玻璃》的要求。

2)试验步骤

将制备好的试件放入600mL的2‰化学纯H_2SO_4溶液中,液面应高出试件表面10mm以上,连续浸泡(168±2)h取出。在标准试验条件下放置4h，观察试件表面有无变化。然后按照4.2.3.4节2.进行试验，结果计算按照4.2.3.4节3.进行。

2. 质量变化

1）试验步骤

将试样热熔刮涂在100mm×100mm×4mm玻璃板上，涂覆面积为100mm×80mm，厚度为（2±0.2）mm，在标准试验条件下放置24h，称量（m_1）后，放入600mL的2%化学纯H_2SO_4溶液中，液面应高出试件表面10mm以上，连续浸泡(168±2)h取出，控干浸入丙酮中5s，取出晾置5min，然后称量（m_2）。

2）结果计算

质量变化率按式(4-6)计算：

$$\Delta M = (m_1 - m_2)/(m_1 - m_0) \times 100 \tag{4-6}$$

式中：ΔM——质量变化率，以百分数表示（%）；

m_0——玻璃板质量，单位为克（g）；

m_1——浸泡前试样质量，单位为克（g）；

m_2——浸泡后试样质量，单位为克（g）；

取2次平行试验的算术平均值为试验结果，计算精确到1%。

4.2.3.9 耐碱性

1. 延伸性

1）试件制备

按4.2.3.4节1.制备3个试件，基材采用120mm×50mm×4mm玻璃板或其他合适基材。玻璃板应符合GB 11614—2009《平板玻璃》的要求。

2）试验步骤

将制备好的试件放入600mL的0.1%化学纯NaOH溶液中，加入Ca(OH)₂试剂，并达到过饱和状态，液面应高出试件表面10mm以上，连续浸泡(168±2)h取出。在标准试验条件下放置4h，观察试件表面有无变化。然后按照4.2.3.4节2.进行试验，结果计算按照4.2.3.4节3.进行。

2. 质量变化

将试样热熔刮涂在100mm×100mm×4mm玻璃板上，涂覆面积为100mm×80mm，厚度为（2±0.2）mm，在标准试验条件下放置24h，称量（m_1）后，放入600mL的0.1%化学纯NaOH溶液中，加入Ca(OH)₂试剂，并达到过饱和状态，液面应高出试件表面10mm以上，连续浸泡(168±2)h取出，控干浸入丙酮中5s，取出晾置5min，然后称量（m_2）。

结果计算按4.2.3.8节2.2）进行。

4.2.3.10　耐盐性

1. 延伸性

1）试件制备

按 4.2.3.4 节 1. 制备 3 个试件，基材采用 120mm×50mm×4mm 玻璃板或其他合适基材。玻璃板应符合 GB 11614—2009《平板玻璃》的要求。

2）试验步骤

将制备好的试件放入 600mL 的 3％化学纯氯化钠（NaCl）溶液中，液面应高出试件表面 10mm 以上，连续浸泡(168±2)h 取出。在标准试验条件下放置 4h，观察试件表面有无变化。然后按照 4.2.3.4 节 2. 进行试验，结果计算按照 4.2.3.4 节 3. 进行。

2. 质量变化

将试样热熔刮涂在 100mm×100mm×4mm 玻璃板上，涂覆面积为 100mm×80mm，厚度为(2±0.2)mm，在标准试验条件下放置 24h，称量（m_1）后，放入 600mL 的 3％化学纯氯化钠（NaCl）溶液中，液面应高出试件表面 10mm 以上，连续浸泡(168±2)h 取出，控干浸入丙酮中 5s，取出晾置 5min，然后称量（m_2）。

结果计算按 4.2.3.8 节 2 2）进行。

4.2.3.11　自愈性

1. 试件制备

将试样热熔刮涂在 300mm×300mm 胶合板上，厚度为(2±0.2)mm。在胶合板下放两个木块作支撑，以便于将钉子钉入。将长(30±4)mm、直径 3.5～4mm 的无翼镀锌螺纹屋面钉，从试样表面钉入胶合板，钉入两颗钉子，位置在试件的中心附近，钉子之间相距 25～50mm，将钉子钉入到钉帽与试样表面平齐，然后从背面轻轻敲钉子的钉头使钉子升起，使钉帽与试样表面距离为 6mm。共制备 2 块试件。

2. 试验步骤

将直径 150～250mm、高不小 150mm 的圆管居中放在水平放置的试件试样表面上，然后用密封胶沿外边一圈密封在试样上，放置 2h，再沿内边一圈密封。在标准试验条件下放置 24h。

将其放在一个无盖并直径相近的罐子上，然后向上面的圆管中加蒸馏水，水位高度为(130±3)mm，再将其移入(4±2)℃的冰箱中，放置 3d。

3. 结果观察

取出试样，观察下面的罐子中、钉子末梢、胶合板底部有无水迹。倒掉圆管中的水并拭干，揭下试样，观察试样背面有无水迹。

4.2.3.12　渗油性

在 5 张直径约为 180mm 的中速定性滤纸上热熔刮涂试样，面积约 50mm×50mm，厚度为(2.0±0.2)mm，并在试件上面放置 1 块相同尺寸的约 6mm 厚玻璃板（符合 GB 11614—2009《平板玻璃》的要求）。再放入已经调节到耐热性规定温度的烘箱中，恒温 5h±15min，取出后在标准试验条件下放置 1h，然后检查渗油张数。共试验 3 个试件，以渗油张数最大的试件作为试验结果。

4.2.3.13　应力松弛

应力松弛在总应变不变的条件下，由于试样内部的黏性应变（或粘塑性应变）分量随时间不断增长，使回弹应变分量随时间逐渐降低，从而导致变形恢复力（回弹应力）随时间逐渐降低的现象。

1. 无处理

1）试件制备

将试样热熔刮涂到 120mm×50mm×(2~4)mm 铝板上，厚度为(2±0.2)mm，将另一铝板压在粘合面上，粘合面积为 50mm×50mm。粘合后用 1kg 的砝码居中加压 10min，然后在标准条件下放置 24h。

2）试验步骤

将试件放入拉力机夹具内并夹紧，夹具间间距约为 150mm，拉伸速度为 10mm/min。开动拉力机，拉伸至最大力（F_{max}）后继续拉伸至拉力下降为最大力的 95% 时，停止拉伸并保持拉伸状态，开始计时，记录 5min 时的力值（F_{5min}）。取下试件观察，要求试件未分离，如图 4-6 所示。

图 4-6　应力松弛示意图

3）结果计算

应力松弛按式（4-7）计算：

$$S = F_{5min}/F_{max} \times 100 \qquad (4-7)$$

式中：S——应力松弛，用百分率表示，（%）；

　　　F_{max}——最大力，单位为牛顿（N）；

F_{5min}——5min 时的力值，单位为牛顿（N）。

试验结果取 3 个试件的算术平均值，结果精确到 1%。

2. 热老化

将 4.2.3.7 节 1. 处理的试样，按 4.2.3.13 节 1.1）要求制备试件，然后按 4.2.3.13 节 1.2）进行试验，结果计算按 4.2.3.13 节 1.3）进行。

4.2.3.14 抗窜水性

1. 试验仪器

砂浆抗渗仪：能达到 0.7MPa，精度 0.1MPa。

2. 砂浆试件制备

采用强度等级 42.5 的普通硅酸盐水泥，将水泥、中砂按照质量比 1∶1 加入砂浆搅拌机中搅拌，加水量以砂浆稠度为 70～90mm 为准，砂浆试件在至少 0.7MPa 压力下不透水为准。将砂浆浇注在上口直径 70mm、下口直径 80mm、高 30mm 的截头圆锥带底的金属模具内，在(20±2)℃放置 24h 脱模，然后放入(20±2)℃的水中养护 7d。再在温度(20±2)℃、相对湿度大于 95% 的条件下养护至 28d。

3. 试验步骤

将试样热熔刮涂在砂浆试件底部（为了便于试验后取下观察，可以在试样中间放置一张玻纤网格布），厚度为(2±0.2)mm。在涂膜表面覆一张 ϕ100mm、0.15mm 厚聚乙烯薄膜，并在试件中间开一直径约 10mm 的孔，直至砂浆面。将抗渗性试件装入砂浆抗渗仪，涂膜面迎水，加压到 0.6MPa，保持 24h。

4. 试验结果

试验结束后将涂膜铲下，观察砂浆块粘结面是否有明水。无明水表示无窜水。

Chapter **05**

第 5 章

非固化橡胶沥青防水涂料防水层的设计

5.1

非固化橡胶沥青防水涂料防水层设计的基本规定

1）非固化橡胶沥青防水涂料适用于工业和民用建筑新建、改扩建或翻修工程的建筑屋面、厕浴卫生间、地下建筑以及市政、地铁隧道、水池等防水，也可作为注浆材料用于注浆堵漏，特别适用于受振动或变形较大的地下工程或屋面工程的防水以及防水等级较高的工程项目。

2）非固化橡胶沥青防水涂料既可以单独作为一道防水层，又可与防水卷材共同组成复合防水层。非固化橡胶沥青防水涂料不宜外露使用。

（1）非固化橡胶沥青防水涂料做一道防水层时，其涂层厚度应符合相关标准的要求，应在涂层内夹铺胎体增强材料，并应在防水涂层与保护层之间设置隔离层。非固化橡胶沥青防水涂料单层防水构造参见图 5-1，适用于厕浴、卫生间等处。

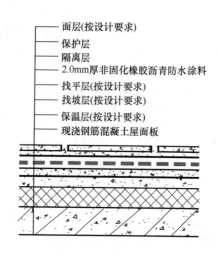

图 5-1　单层防水构造

（2）非固化橡胶沥青防水涂料若与防水卷材复合使用时，应在防水层与刚性保护层之间设置隔离层，但面层卷材为板岩或铝箔覆面时，则不另设保护层。非固化橡胶沥青防水涂料复合防水构造参见图5-2。

3）根据建筑物的性质、重要程度、防水设防等级、使用功能要求等，选择非固化橡胶沥青防水涂料和与其相适应的防水卷材组合形成的复合防水层。其屋面及地下工程复合防水层的最小厚度应符合表5-1和表5-2的要求。

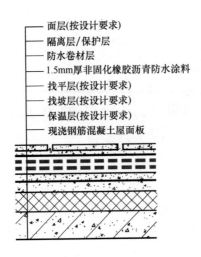

图 5-2　复合防水结构

表 5-1　屋面工程复合防水层的最小厚度（mm）

防水等级	非固化橡胶沥青防水涂料＋PE膜覆面自粘聚合物防水卷材（无胎）	非固化橡胶沥青防水涂料＋自粘聚酯毡胎聚合物改性沥青防水卷材	非固化橡胶沥青防水涂料＋聚乙烯丙纶防水卷材（芯材厚度≥0.5mm）
Ⅰ级	2.0＋2.0	2.0＋3.0	(1.5＋0.7)×2
Ⅱ级	1.3＋1.2	2.5（非固化橡胶沥青防水涂料夹铺胎体增强材料＋覆面增强隔离材料）	1.3＋0.7

表 5-2　地下工程复合防水层的最小厚度（mm）

防水等级	非固化橡胶沥青防水涂料＋PE膜覆面自粘聚合物防水卷材（无胎）	非固化橡胶沥青防水涂料＋自粘聚酯毡胎聚合物改性沥青防水卷材	非固化橡胶沥青防水涂料＋聚乙烯丙纶防水卷材（芯材厚度≥0.5mm）
Ⅰ级	1.5＋1.5	1.5＋3.0	(1.5＋0.7)×2
Ⅱ级	2.5（非固化橡胶沥青防水涂料夹铺胎体增强材料＋覆面增强隔离材料）		1.5＋0.7

4）与非固化橡胶沥青防水涂料共同使用的材料，均应与其具有相容性。

5）非固化橡胶沥青防水涂料可采用刮涂工艺或喷涂工艺施工。

6）非固化橡胶沥青防水涂料的构造设计、施工、质量验收应符合国家、行业和地方现行有关标准的规定。

5.2

非固化橡胶沥青防水涂料防水层对组成材料的要求

5.2.1 非固化橡胶沥青防水涂层材料

非固化橡胶沥青防水涂料是由优质石油沥青、合成橡胶及特种添加剂制成的，施工后不固化，具有自愈功能的一类弹塑性材料。

建材行业标准 JC/T 2288—2014《非固化橡胶沥青防水涂料》（公示稿）对其提出的物理力学性能要求，参见表1-21。

北京市地方标准 DB11/×××-201×《非固化橡胶沥青防水涂料施工技术规程》（征求意见稿）提出了具体的要求。非固化橡胶沥青防水涂料的物理性能要求与 JC/T 2288—2014 相同，应符合表1-21的要求。其环保性能指标应符合表5-3的要求。

表 5-3 非固化橡胶沥青防水涂料环保性能

序号	检验项目		标准要求（水性）
			A 级
1	挥发性有机化合物（VOC）（g/L）	≤	8
2	游离甲醛，mg/kg	≤	100
3	苯、甲苯、乙苯和二甲苯总和（mg/kg）	≤	300
4	氨（mg/kg）	≤	500

5.2.2 复合防水层采用的卷材防水材料

非固化橡胶沥青防水涂料复合防水层是由彼此相容的非固化橡胶沥青防水涂料和防水卷材组合而成的一类防水层。

以原纸、纤维毡、纤维布、金属箔、塑料膜或纺织物等材料中的一种或数种复合为胎基，浸涂石油沥青、煤沥青、高聚物改性沥青制成的或以合成高分子材料为基料加入助剂、填充剂，经过多种工艺加工而成的长条片状成卷供应并起到防水作用的产品称为防水卷材。常用的防水卷材按照材料的组成不同，一般可分为沥青防水卷材、高聚物改性沥青防水卷材和合成高分子防水卷材。

北京市地方标准 DB11/×××—201×《非固化橡胶沥青防水涂料施工技术规程》(征求意见稿)对复合防水层所使用的防水卷材提出的主要物理性能要求，见表5-4。

表 5-4　复合防水层使用防水卷材的主要物理性能

项　目	自粘高聚物改性沥青防水卷材		弹性体改性沥青防水卷材	聚乙烯丙纶防水卷材
	聚酯毡胎	PE膜覆面（无胎）		
可溶物含量（g/m²）	3mm厚≥2100	—	3mm厚≥2100；4mm厚≥2900	—
拉力（N/50mm）纵横向	≥450	≥180	≥800	≥60N/10mm
最大拉力时延伸率（%）纵横向	≥30	≥200	≥40	≥300
低温柔度（℃）	−25，无裂纹			−20，无裂纹
热老化后低温柔度（℃）	−22，无裂纹		−20，无裂纹	—
不透水性	压力0.3MPa，保持时间120min，不透水			

复合防水层常用的防水卷材产品有自粘聚合物改性沥青防水卷材（N类）、自粘聚合物改性沥青防水卷材（PY类）、弹性体（SBS）改性沥青防水卷材、塑性体（APP）改性沥青防水卷材、沥青复合胎柔性防水卷材、聚乙烯丙纶复合防水卷材、聚氯乙烯（PVC）防水卷材、热塑性聚烯烃（TPO）防水卷材、三元乙丙防水卷材、EVA防水卷材、高密度聚乙烯（HDPE）防水卷材、种植屋面用耐根穿刺防水卷材。

1. 自粘聚合物改性沥青防水卷材

自粘聚合物改性沥青防水卷材是指以自粘聚合物改性沥青为基料，非外露使用的无胎基或采用聚酯胎基增强的一类本体自粘防水卷材，简称自粘卷材，有别于仅在表面覆以自粘层的聚合物改性沥青防水卷材。此类产品已发布了国家标准 GB 23441—2009《自粘聚合物改性沥青防水卷材》。

此类产品按其有无胎基增强可分为无胎基（N类）自粘聚合物改性沥青防水卷材、聚酯胎基（PY类）自粘聚合物改性沥青防水卷材。N类按其上表面材料的不同可分为聚乙烯膜（PE）、聚酯膜（PET）、无膜双面自粘（D）；PY类按其上表面材料的不同可分为聚乙烯膜（PE）、细砂（S）、无膜双面自粘（D）。产品按其性能可分为Ⅰ型和Ⅱ型。卷材厚度为2.0mm的PY类只有Ⅰ型。

产品的技术性能要求如下：

1）卷材的公称宽度为1000mm、2000mm；卷材的公称面积为10m²、15m²、20m²、30m²；卷材的厚度：N类为1.2mm、1.5mm、2.0mm，PY类为2.0mm、3.0mm、4.0mm；其他规格可由供需双方商定。

2）面积不小于产品面积标记值的99%；N类单位面积质量、厚度应符合表5-5的规定，PY类单位面积质量、厚度应符合表 5-6 的规定；由供需双方商定的规格，N 类其厚度不得小于 1.2mm，PY 类其厚度不得小于 2.0mm。

表 5-5 N 类单位面积质量、厚度

厚度规格（mm）			1.2	1.5	2.0
上表面材料			PE、PET、D	PE、PET、D	PE、PET、D
单位面积质量（kg/m²）		≥	1.2	1.5	2.0
厚度（mm）	平均值	≥	1.2	1.5	2.0
	最小单值		1.0	1.3	1.7

摘自 GB 23441—2009

表 5-6 PY 类单位面积质量、厚度

厚度规格（mm）			2.0		3.0		4.0	
上表面材料			PE、D	S	PE、D	S	PE、D	S
单位面积质量（kg/m²）		≥	2.1	2.2	3.1	3.2	4.1	4.2
厚度（mm）	平均值	≥	2.0		3.0		4.0	
	最小单值		1.8		2.7		3.7	

摘自 GB 23441—2009

3）产品外观质量要求：①成卷卷材应卷紧卷齐，端面里进外出差不得超过 20mm；②成卷卷材在 4℃～45℃任一产品温度下展开，在距卷芯 1000mm 长度外不应有裂纹或长度 10mm 以上的粘结；③PY 类产品其胎基应浸透，不应有未被浸渍的浅色条纹；④卷材表面应平整，不允许有孔洞、结块、气泡、缺边和裂口，上表面为细砂的，细砂应均匀一致并紧密地粘附于卷材表面；⑤每卷卷材接头处不应超过 1 个，较短的一段不应少于 1000mm，接头应剪切整齐，并加长 150mm。

4）N 类卷材物理力学性能应符合表 5-7 的规定；PY 类卷材物理力学性能应符合表 5-8 的规定。

表 5-7 N 类卷材物理力学性能

序号	项目			指 标				
				PE		PET		D
				I	II	I	II	
1	拉伸性能	拉力（N/50mm）	≥	150	200	150	200	—
		最大拉力时延伸率（%）	≥	200		30		—
		沥青断裂延伸率（%）	≥	250		150		450
		拉伸时现象		拉伸过程中，在膜断裂前无沥青涂盖层与膜分离现象				—
2	钉杆撕裂强度（N）		≥	60	110	30	40	
3	耐热性			70℃滑动不超过 2mm				
4	低温柔性（℃）			−20	−30	−20	−30	−20
				无裂纹				

续表

序号	项目		指标				
			PE		PET		D
			Ⅰ	Ⅱ	Ⅰ	Ⅱ	
5	不透水性		0.2MPa，120min 不透水				—
6	剥离强度（N/mm） ≥	卷材与卷材	1.0				
		卷材与铝板	1.5				
7	钉杆水密性		通过				
8	渗油性（张数） ≤		2				
9	持粘性（min） ≥		20				
10	热老化	拉力保持率（%） ≥	80				
		最大拉力时延伸率（%） ≥	200		30		400（沥青层断裂延伸率）
		低温柔性（℃）	−18	−28	−18	−28	−18
			无裂纹				
		剥离强度卷材与铝板(N/mm) ≥	1.5				
11	热稳定性	外观	无起鼓、皱褶、滑动、流淌				
		尺寸变化（%） ≤	2				

摘自 GB 23441—2009

表 5-8 PY 类卷材物理力学性能

序号	项目		指标	
			Ⅰ	Ⅱ
1	可溶物含量（g/m²） ≥	2.0mm	1300	—
		3.0mm	2100	
		4.0mm	2900	
2	拉伸性能	拉力（N/50mm） ≥		
		2.0mm	350	—
		3.0mm	450	600
		4.0mm	450	800
		最大拉力时延伸率（%） ≥	30	40
3	耐热性		70℃无滑动、流淌、滴落	
4	低温柔性（℃）		−20	−30
			无裂纹	
5	不透水性		0.3MPa，120min 不透水	

续表

序号	项目		指标	
			Ⅰ	Ⅱ
6	剥离强度 （N/mm）≥	卷材与卷材	1.0	
		卷材与铝板	1.5	
7	钉杆水密性		通过	
8	渗油性（张数）≤		2	
9	持粘性（min）≥		15	
10	热老化	最大拉力时延伸率（%）≥	30	40
		低温柔性（℃）	−18	−28
			无裂纹	
		剥离强度 卷材与铝板（N/mm）≥	1.5	
		尺寸稳定性（%）≤	1.5	1.0
11	自粘沥青再剥离强度（N/mm）≥		1.5	

摘自 GB 23441—2009

2. 弹性体改性沥青防水卷材

弹性体改性沥青防水卷材（建材 SBS 防水卷材），是以聚酯毡、玻纤毡、玻纤增强聚酯毡为胎基，以苯乙烯-丁二烯-苯乙烯（SBS）热塑性弹性体作为石油沥青改性剂，两面覆以隔离材料而制成的防水卷材。其产品已发布了国家标准 GB 18242—2008《弹性体改性沥青防水卷材》。

弹性体改性沥青防水卷材综合性能强，具有良好的耐高温和耐低温以及耐老化性能，适用于一般工业和民用建筑工程防水处，尤其适用于高层建筑的屋面和地下工程的防水、防潮以及桥梁、停车场、游泳池、隧道、蓄水池等建筑工程的防水。玻纤增强聚酯毡防水卷材可应用于机械固定单层防水，但其需通过抗风荷载试验；玻纤毡防水卷材适用于多层防水中的底层防水；外露使用时可采用上表面隔离材料为不透明的矿物粒料的防水卷材，地下工程防水可采用表面隔离材料为细砂（细砂为其粒径不超过 0.60mm 的矿物颗粒）的防水卷材。产品拉伸强度高、延伸率大、自重轻、耐老化、施工简便，既可以采用热熔工艺施工，又可用于冷粘结施工。

产品的技术性能要求如下：

（1）产品按其胎基可分为聚酯毡（PY）、玻纤毡（G）、玻纤增强聚酯毡（PYG）；按其上表面隔离材料可分为聚乙烯膜（PE）、细砂（S）、矿物粒料（M）；按其下表面隔离材料可分为细砂（S）、聚乙烯膜（PE）；按其材料性能可分为Ⅰ型和Ⅱ型。

（2）产品的规格要求如下：①卷材公称宽度为 1000mm；②聚酯毡卷材公称厚度为 3mm、4mm、5mm；玻纤毡卷材公称厚度为 3mm、4mm；玻纤增强聚酯毡卷材公称厚度为 5mm；③每卷卷材公称面积为 7.5m²、10m²、15m²。

（3）产品的单位面积质量、面积及厚度应符合表5-9的规定。

表5-9　弹（塑）性体改性沥青防水卷材单位面积质量、面积及厚度

规格（公称厚度）（mm）		3			4			5		
上表面材料		PE	S	M	PE	S	M	PE	S	M
下表面材料		PE	PE、S		PE	PE、S		PE	PE、S	
面积 （m²/卷）	公称面积	10、15			10、7.5			7.5		
	偏差	±0.10			±0.10			±0.10		
单位面积质量（kg/m²）≥		3.3	3.5	4.0	4.3	4.5	5.0	5.3	5.5	6.0
厚度 （mm）	平均值≥	3.0			4.0			5.0		
	最小单值	2.7			3.7			4.7		

摘自 GB 18243—2008

（4）产品的外观要求如下：①成卷卷材应卷紧卷齐，端面里进外出差不得超过10mm；②成卷卷材在4℃～50℃任一产品温度下展开，在距卷芯1000mm长度外不应有10mm以上裂纹或粘结；③胎基应浸透，不应有未被浸渍处；④卷材表面应平整，不允许有孔洞、缺边和裂口、疙瘩，矿物粒料粒度应均匀一致并紧密地粘附于卷材表面；⑤每卷卷材接头处不应超过1个，较短的一段不应少于1000mm，接头应剪切整齐，并加长150mm。

（5）产品的材料性能应符合表5-10的要求。

表5-10　弹性体改性沥青防水卷材材料性能

序号	项　目			指　标				
				I		II		
				PY	G	PY	G	PYG
1	可溶物含量（g/m²） ≥		3mm	2100				—
			4mm	2900				—
			5mm	3500				
			试验现象	—	胎基不燃	—	胎基不燃	
2	耐热性		℃	90		105		
			≤mm	2				
			试验现象	无流滴、滴落				
3	低温柔性（℃）			−20		−25		
				无裂缝				
4	不透水性30（min）			0.3MPa	0.2MPa	0.3MPa		
5	拉力	最大峰拉力（N/50mm）≥		500	350	800	500	900
		次高峰拉力（N/50mm）≥		—	—	—	—	800
		试验现象		拉伸过程中，试件中部无沥青涂盖层开裂或与胎基分离现象				
6	延伸率	最大峰时延伸率（%）≥		30		40		—
		第二峰时延伸率（%）≥		—		—		15
7	浸水后质量增加（%） ≤	PE、S		1.0				
		M		2.0				

续表

序号	项目			指标				
				Ⅰ		Ⅱ		
				PY	G	PY	G	PYG
8	热老化	拉力保持率（%）	≥	90				
		延伸率保持率（%）	≥	80				
		低温柔性（℃）		−15		−20		
				无裂缝				
		尺寸变化率（%）	≤	0.7	—	0.7	—	0.3
		质量损失（%）	≤	1.0				
9	渗油性		张数 ≤	2				
10	接缝剥离强度（N/mm）		≥	1.5				
11	钉杆撕裂强度[a]（N）		≥	—				300
12	矿物粒料粘附性[b]（g）		≤	2.0				
13	卷材下表面沥青涂盖层厚度[c]（mm）		≥	1.0				
14	人工气候加速老化	外观		无滑动、流淌、滴落				
		拉力保持率（%）	≥	80				
		低温柔性（℃）		−15		−20		
				无裂缝				

[a] 仅适用于单层机械固定施工方式卷材。

[b] 仅适用于矿物粒料表面的卷材。

[c] 仅适用于热熔施工的卷材。

摘自 GB 18242—2008

3. 塑性体改性沥青防水卷材

塑性体改性沥青防水卷材是以聚酯毡、玻纤毡或玻纤增强聚酯毡为胎基，以无规聚丙烯（APP）或聚烯烃类聚合物（APAO、APO）作石油沥青改性剂，两面覆以隔离材料所制成的一类防水卷材，简称 APP 防水卷材。其产品已发布了国家标准 GB 18243—2008《塑性体改性沥青防水卷材》。

塑性体改性沥青防水卷材适用于工业与民用建筑的屋面和地下防水工程。玻纤增强聚酯毡防水卷材可应用于机械固定单层防水，但其需通过抗风荷载试验；玻纤毡防水卷材适用于多层防水中的底层防水；外露使用时可采用上表面隔离材料为不透明的矿物粒料的防水卷材，地下工程防水可采用表面隔离材料为细砂的防水卷材。

产品具有良好的拉伸强度、延伸率、憎水性和粘结性，既可以采用冷粘法工艺施工，又可以采用热熔法工艺施工，且无污染，可在混凝土板、塑料板、木板、金属板等基面上施工。

产品的技术性能要求如下：

（1）产品按其胎基可分为聚酯毡（PY）、玻纤毡（G）、玻纤增强聚酯毡（PYG）；按其上表面隔离材料可分为聚乙烯膜（PE）、细砂（S）、矿物粒料（M）；按其下表面隔离材料可分为细砂（S）、聚乙烯膜（PE）；按其材料性能可分为Ⅰ型和Ⅱ型。

（2）产品的规格要求如下：①卷材公称宽度为 1000mm；②聚酯毡卷材公称厚度为 3mm、4mm、5mm；玻纤毡卷材公称厚度为 3mm、4mm；玻纤增强聚酯毡卷材公称厚度为 5mm；③每卷卷材公称面积为 7.5m²、10m²、15m²。

（3）产品的单位面积质量、面积及厚度应符合表 5-9 的规定。

（4）产品的外观要求如下：①成卷卷材应卷紧卷齐，端面里进外出差不得超过 10mm；②成卷卷材在 4℃～60℃任一产品温度下展开，在距卷芯 1000mm 长度外不应有 10mm 以上裂纹或粘结；③胎基应浸透，不应有未被浸渍处；④卷材表面应平整，不允许有孔洞、缺边和裂口、疙瘩，矿物粒料粒度应均匀一致并紧密地粘附于卷材表面；⑤每卷卷材接头处不应超过 1 个，较短的一段不应少于 1000mm，接头应剪切整齐，并加长 150mm。

（5）产品的材料性能应符合表 5-11 的要求。

表 5-11　塑性体改性沥青防水卷材材料性能

序号	项 目			指 标				
				Ⅰ		Ⅱ		
				PY	G	PY	G	PYG
1	可溶物含量（g/m²）≥		3mm	2100				—
			4mm	2900				—
			5mm			3500		
			试验现象	—	胎基不燃	—	胎基不燃	
2	耐热性		℃	110		130		
			≤mm	2				
			试验现象	无流滴、滴落				
3	低温柔性（℃）			−7		−15		
				无裂缝				
4	不透水性（30min）			0.3MPa	0.2MPa	0.3MPa		
5	拉力	最大峰拉力（N/50mm）≥		500	350	800	500	900
		次高峰拉力（N/50mm）≥		—	—	—	—	800
		试验现象		拉伸过程中，试件中部无沥青涂盖层开裂或与胎基分离现象				
6	延伸率	最大峰时延伸率（%）≥		25		40		—
		第二峰时延伸率（%）≥		—		—		15
7	浸水后质量增加（%）≤	PE、S		1.0				
		M		2.0				
8	热老化	拉力保持率（%）≥		90				
		延伸率保持率（%）≥		80				
		低温柔性（℃）		−2		−10		
				无裂缝				
		尺寸变化率（%）≤		0.7	—	0.7	—	0.3
		质量损失（%）≤		1.0				
9	接缝剥离强度（N/mm）≥			1.0				
10	钉杆撕裂强度ᵃ（N）≥							300

序号	项目			指标				
				Ⅰ		Ⅱ		
				PY	G	PY	G	PYG
11	矿物粒料粘附性[b]（g）		≤	2.0				
13	卷材下表面沥青涂盖层厚度[c]（mm）		≥	1.0				
13	人工气候加速老化	外观		无滑动、流淌、滴落				
		拉力保持率（%）	≥	80				
		低温柔性（℃）		−2		−10		
				无裂缝				

[a] 仅适用于单层机械固定施工方式卷材。

[b] 仅适用于矿物粒料表面的卷材。

[c] 仅适用于热熔施工的卷材。

摘自 GB 18243—2008

4. 沥青复合胎柔性防水卷材

聚合物改性沥青复合胎柔性防水卷材是以涤棉无纺布-玻纤网格布复合毡为胎基、浸涂胶粉改性沥青，以细砂、聚乙烯膜、矿物粒（片）料等为覆面材料制成的，用于一般建筑防水工程的防水材料。此类产品已发布了建材行业标准 JC/T 690—2008《沥青复合胎柔性防水卷材》。

产品按物理力学性能分为Ⅰ、Ⅱ型；按上表面材料分为聚乙烯膜（PE）、细砂（S）、矿物粒（片）料（M）。

产品的技术要求如下：

（1）单位面积质量、面积及厚度应符合表 5-12 的要求。

表 5-12　沥青复合胎柔性防水卷材单位面积质量、面积及厚度

规格（公称厚度）（mm）		3			4		
上表面材料		PE	S	M	PE	S	M
面积（m²/卷）	公称面积	10			10、7.5		
	偏差	±0.10			±0.10		
单位面积质量（kg/m²）　≥		3.3	3.5	4.0	4.3	4.5	5.0
厚度（mm）	平均值　≥	3.0	3.0	3.0	4.0	4.0	4.0
	最小单值　≥	2.7	2.7	2.7	3.7	3.7	3.7

摘自 JC/T 690—2008

（2）外观要求如下：①成卷卷材应卷紧卷齐，端面里进外出不得超过 10mm；②成卷卷材在 4℃～45℃任一产品温度下展开，在距卷芯 1000mm 长度外不应有 10mm 以上的裂纹或粘结；③胎基应浸透，不应有未被浸渍的条纹；④卷材表面应平整，不允许有孔洞、缺边和裂口、疙瘩，上表面材料应均匀一致并紧密地粘附于卷材表面；⑤每卷卷材接头处不应超过 1 个，较短的一段长度不应少于 1000mm，接头应剪切整齐，并加长 150mm。

（3）产品的物理力学性能应符合表 5-13 的要求。

表 5-13 沥青复合胎柔性防水卷材物理力学性能

序号	项　目		指标	
			I	II
1	可溶物含量（g/m²） ≥	3mm	1600	
		4mm	2200	
2	耐热性（℃）		90	
			无滑动、流淌、滴落	
3	低温柔性（℃）		－5	－10
			无裂纹	
4	不透水性		0.2MPa、30min 不透水	
5	最大拉力（N/50mm） ≥	纵向	500	600
		横向	400	500
6	粘结剥离强度（N/mm）≥		0.5	
7	热老化	拉力保持率（%）≥	90	
		低温柔性（℃）	0	－5
			无裂纹	
		质量损失（%）≤	2.0	

摘自 JC/T 690—2008

5. 聚乙烯丙纶复合防水卷材

聚乙烯丙纶复合防水卷材是指采用聚乙烯与助剂等化合热熔后挤出，同时在两面热覆丙纶纤维无纺布而形成的一类合成高分子防水卷材。国家标准 GB 50108—2008《地下工程防水技术规范》对其产品提出的主要物理力学性能见表 5-14。国家标准 GB 18173.1—2012《高分子防水材料　第 1 部分　片材》对其产品提出的主要物理性能要求参见该标准中 FS2 要求。

表 5-14 聚乙烯丙纶复合防水卷材物理力学性能

项　目	性能要求
断裂拉伸强度	≥60N/10mm
断裂伸长率	≥300％
低温弯折性	－20℃，无裂纹
不透水性	压力 0.3MPa，保持时间 120min，不透水
撕裂强度	≥20N/10mm
复合强度（表层与芯层）	≥1.2N/mm

摘自 GB 50108—2008

6. 聚氯乙烯（PVC）防水卷材

聚氯乙烯（PVC）防水卷材是指适用于建筑防水工程用的，以聚氯乙烯（PVC）树脂为主要原料，经捏合、塑化、挤出压延、整形、冷却、检验、分类、包装等工序加工制成的可卷曲的一类片状防水材料。产品按其组成分为均质卷材（代号为 H）、带纤维背衬卷材（代号为 L）、织物内增强卷材（代号为 P）、玻璃纤维内增强卷材（代号为 G）、玻璃纤维内增强带纤维背衬卷材（代号为 GL）。均质的聚氯乙烯防水卷材是指不采用内增强材料或背衬材料的一类聚氯乙烯防水卷材；带纤维背衬的聚氯乙烯防水卷材是指采用织物如聚酯无纺布等复合在卷材下表面中的一类聚氯乙烯防水卷材；织物内增强的聚氯乙烯防水卷材是指采用聚酯或玻纤网格布在卷材中间增强的一类聚氯乙烯防水卷材；玻璃纤维内增强的聚氯乙烯防水卷材是指在卷材中加入短切玻璃纤维或玻璃纤维无纺布，对拉伸性能等力学性能无明显影响，仅能提高产品尺寸稳定性的一类聚氯乙烯防水卷材；玻璃纤维内增强带纤维背衬的聚氯乙烯防水卷材是指在卷材中加入短切玻璃纤维或玻璃纤维无纺布，并用织物如聚酯无纺布等复合在卷材下表面的一类聚氯乙烯防水卷材。聚氯乙烯（PVC）防水卷材产品现已发布国家标准 GB 12952—2011《聚氯乙烯防水卷材》。

产品的技术性能要求如下：

（1）聚氯乙烯（PVC）防水卷材的规格如下：①公称长度规格为 15m、20m、25m；②公称宽度规格为 1.00m、2.00m；③厚度规格为：1.2mm、1.5mm、1.8mm、2.0mm；④其他规格可由供需双方商定。

（2）聚氯乙烯（PVC）防水卷材的尺寸偏差为：①长度、宽度应不小于规格值的 99.5%；②厚度不应小于 1.20mm，厚度允许偏差和最小单值见表 5-15。

表 5-15　聚氯乙烯（PVC）防水卷材厚度允许偏差

厚度（mm）	允许偏差（%）	最小单值（mm）
1.20		1.05
1.50	−5，+10	1.35
1.80		1.65
2.00		1.85

摘自 GB 12952—2011

（3）聚氯乙烯（PVC）防水卷材的外观质量要求如下：①卷材的接头不应多于一处，其中较短的一段长度不少于 1.5m，接头应剪切整齐，并加长 150mm；②卷材其表面应平整，边缘整齐，无裂纹、孔洞、粘结、气泡和疤痕。

（4）聚氯乙烯（PVC）防水卷材的材料性能指标应符合表 5-16 的要求。

表 5-16　聚氯乙烯（PVC）防水卷材材料性能指标

序号	项目			指标				
				H	L	P	G	GL
1	中间胎基上面树脂层厚度（mm）		≥	—		0.40		
2	拉伸性能	最大拉力（N/cm）	≥	—	120	250	—	120
		拉伸强度（MPa）	≥	10.0	—	—	10.0	—
		最大拉力时伸长率（%）	≥	—		15		
		断裂伸长率（%）	≥	200	150		200	100
3	热处理尺寸变化率（%）		≤	2.0	1.0	0.5	0.1	0.1

续表

序号	项目			指　标				
				H	L	P	G	GL
4	低温弯折性			−25℃无裂纹				
5	不透水性			0.3MPa，2h 不透水				
6	抗冲击性能			0.5kg·m，不渗水				
7	抗静态荷载ᵃ			—	—	20kg 不渗水		
8	接缝剥离强度（N/mm） ≥			4.0 或卷材破坏		3.0		
9	直角撕裂强度（N/mm） ≥			50	—	—	50	—
10	梯形撕裂强度（N） ≥			—	150	250	—	220
11	吸水率（70℃，168h）（%）	浸水后 ≤		4.0				
		晾置后 ≥		−0.40				
12	热老化（80℃）	时间（h）		672				
		外观		无起泡、裂纹、分层、粘结和孔洞				
		最大拉力保持率（%）	≥	—	85	85	—	85
		拉伸强度保持率（%）	≥	85			85	
		最大拉力时伸长率保持率（%）	≥	—		80		
		断裂伸长率保持率（%）	≥	80	80		80	80
		低温弯折性		−20℃无裂纹				
13	耐化学性	外观		无起泡、裂纹、分层、粘结和孔洞				
		最大拉力保持率（%）	≥	—	85	85	—	85
		拉伸强度保持率（%）	≥	85			85	
		最大拉力时伸长率保持率（%）	≥	—		80		
		断裂伸长率保持率（%）	≥	80	80		80	80
		低温弯折性		−20℃无裂纹				
14	人工气候加速老化ᶜ	时间（h）		1500ᵇ				
		外观		无起泡、裂纹、分层、粘结和孔洞				
		最大拉力保持率（%）	≥	—	85	85	—	85
		拉伸强度保持率（%）	≥	85			85	
		最大拉力时伸长率保持率（%）	≥	—		80		
		断裂伸长率保持率（%）	≥	80	80	—	80	80
		低温弯折性		−20℃无裂纹				

注：ᵃ 抗静态荷载仅对用于压铺屋面的卷材要求。

　　ᵇ 单层卷材屋面使用产品的人工气候加速老化时间为 2500h。

　　ᶜ 非外露使用的卷材不要求测定人工气候加速老化。

摘自 GB 12952—2011

（5）聚氯乙烯（PVC）防水卷材抗风揭能力要求如下：采用机械固定方法施工的单层屋面卷材，其抗风揭能力的模拟风压等级应不低于 4.3kPa（90psf）。

7. 热塑性聚烯烃（TPO）防水卷材

热塑性聚烯烃（TPO）防水卷材是指适用于建筑工程用，以乙烯和α烯烃的聚合物为主要原料制成的一类防水卷材。按产品的组成可分为均质卷材（代号为 H）、带纤维背衬卷材（代号为 L）、织物内增强卷材（代号为 P）。均质热塑性聚烯烃防水卷材是指不采用内增强材料或背衬材料的一类热塑性聚烯烃防水卷材；带纤维背衬的热塑性聚烯烃防水卷材是指采用织物（如聚酯无纺布等）复合在卷材下表面中的一类热塑性聚烯烃防水卷材；织物内增强的热塑性聚烯烃防水卷材是指采用聚酯或玻纤网格布在卷材中间增强的一类热塑性聚烯烃防水卷材。此类产品现已发布国家标准 GB 27789—2011《热塑性聚烯烃（TPO）防水卷材》。

产品的技术性能要求如下：

（1）产品的规格如下：①公称长度规格为 15m、20m、25m；②公称宽度规格为 1.00m、2.00m；③厚度规格为：1.20mm、1.50mm、1.80mm、2.00mm；④其他规格可由供需双方商定。

（2）长度、宽度应不小于规格值的 99.5%；厚度不应小于 1.20mm，厚度允许偏差和最小单值要求同聚氯乙烯（PVC）防水卷材，见表 5-15。

（3）热塑性聚烯烃（TPO）防水卷材外观质量要求如下：①卷材的接头不应多于一处，其中较短的一段长度应不小于 1.5m，接头应剪切整齐，并加长 150mm；②卷材其表面应平整，边缘整齐，无裂纹、孔洞、粘结、气泡和疤痕，卷材耐候面（上表面）宜为浅色。

（4）热塑性聚烯烃（TPO）防水卷材的材料性能指标应符合表 5-17 的要求。

（5）采用机械固定方法施工的单层屋面卷材其抗风揭能力的模拟风压等级应不低于 4.3kPa（90psf）。

表 5-17　热塑性聚烯烃（TPO）防水卷材材料性能指标

序号	项　目			指标		
				H	L	P
1	中间胎基上面树脂层厚度（mm）		≥	—		0.40
2	拉伸性能	最大拉力(N/cm)	≥	—	200	250
		拉伸强度(MPa)	≥	12.0	—	—
		最大拉力时伸长率（%）	≥	—		15
		断裂伸长率（%）	≥	500	250	—
3	热处理尺寸变化率（%）		≤	2.0	1.0	0.5
4	低温弯折性			−40℃无裂纹		
5	不透水性			0.3MPa，2h 不透水		
6	抗冲击性能			0.5kg·m，不渗水		
7	抗静态荷载[a]			—		20kg 不渗水
8	接缝剥离强度(N/mm)		≥	4.0 或卷材破坏	3.0	
9	直角撕裂强度(N/mm)		≥	60		
10	梯形撕裂强度(N)		≥	—	250	450
11	吸水率（70℃，168h）%		≤	4.0		

非固化橡胶沥青防水涂料

续表

序号	项目		指标		
			H	L	P
12	热老化 (115℃)	时间（h）	672		
		外观	无起泡、裂纹、分层、粘结和孔洞		
		最大拉力保持率（%） ≥	—	90	90
		拉伸强度保持率（%） ≥	90	—	—
		最大拉力时伸长率保持率（%） ≥			90
		断裂伸长率保持率（%） ≥	90	90	
		低温弯折性	−40℃无裂纹		
13	耐化学性	外观	无起泡、裂纹、分层、粘结和孔洞		
		最大拉力保持率（%） ≥	—	90	90
		拉伸强度保持率（%） ≥	90	—	—
		最大拉力时伸长率保持率（%） ≥	—		90
		断裂伸长率保持率（%） ≥	90	90	
		低温弯折性	−40℃无裂纹		
14	人工气候 加速老化	时间（h）	1500[b]		
		外观	无起泡、裂纹、分层、粘结和孔洞		
		最大拉力保持率（%） ≥	—	90	90
		拉伸强度保持率（%） ≥	90	—	—
		最大拉力时伸长率保持率（%） ≥	—		90
		断裂伸长率保持率（%） ≥	90	90	
		低温弯折性	−40℃无裂纹		

注：[a] 抗静态荷载仅对用于压铺屋面的卷材要求。

　　[b] 单层卷材屋面使用产品的人工气候加速老化时间为2500h。

摘自 GB 27789—2011

8. 高分子防水片材

高分子防水片材是指以高分子材料为主材料，以挤出法或压延等方法生产，用于各类工程防水、防渗、防潮、隔汽、防污染、排水等均质片材（均质片）、复合片材（复合片）、异型片材（异型片）、自粘片材（自粘片）、点（条）粘片材［点（条）粘片］等。均质片是指以高分子合成材料为主要材料，各部位截面结构一致的一类防水片材；复合片是指以高分子合成材料为主要材料，复合织物等为保护或增强层，以改变其尺寸稳定性和力学特性，各部位截面结构一致的防水片材；自粘片是指在高分子片材表面复合一层自粘材料和隔离保护层，以改善或提高其与基层的粘接性能，各部位截面结构一致的一类防水片材；异型片是以高分子合成材料为主要材料，经特殊工艺加工成表面为连续凸凹壳体或特定几何形状的一类防（排）水片材；点（条）粘片是指均质片材与织物等保护层多点（条）粘接在一起，粘接点（条）在规定区域内均匀分布，利用粘接点（条）的间距，使其具有切向排水功能的一类防水片材。

118

三元乙丙防水卷材、EVA 防水卷材、高密度聚乙烯（HDPE）防水卷材均属高分子防水片材范畴，其物理性能均应符合国家标准 GB 18173.1—2012《高分子防水材料　第 1 部分　片材》提出的要求。

产品的技术性能要求如下：

（1）合成高分子防水片材的分类参见表 5-18。

表 5-18　合成高分子片材的分类

分　类		代号	主要原材料
均质片	硫化橡胶类	JL1	三元乙丙橡胶
		JL2	橡塑共混
		JL3	氯丁橡胶、氯磺化聚乙烯、氯化聚乙烯等
	非硫化橡胶类	JF1	三元乙丙橡胶
		JF2	橡塑共混
		JF3	氯化聚乙烯
	树脂类	JS1	聚氯乙烯等
		JS2	乙烯醋酸乙烯共聚物、聚乙烯等
		JS3	乙烯醋酸乙烯共聚物与改性沥青共混等
复合计	硫化橡胶类	FL	（三元乙丙、丁基、氯丁橡胶、氯磺化聚乙烯等）/织物
	非硫化橡胶类	FF	（氯化聚乙烯、三元乙丙、丁基、氯丁橡胶、氯磺化聚乙烯等）/织物
	树脂类	FS1	聚氯乙烯/织物
		FS2	（聚乙烯、乙烯醋酸乙烯共聚物等）/织物
自粘片	硫化橡胶类	ZJL1	三元乙丙/自粘料
		ZJL2	橡塑共混/自粘料
		ZJL3	（氯丁橡胶、氯磺化聚乙烯、氯化聚乙烯等）/自粘料
自粘片	硫化橡胶类	ZFL	（三元乙丙、丁基、氯丁橡胶、氯磺化聚乙烯等）/织物/自粘料
	非硫化橡胶类	ZJF1	三元乙丙/自粘料
		ZJF2	橡塑共混/自粘料
		ZJF3	氯化聚乙烯/自粘料
		ZFF	（氯化聚乙烯、三元乙丙、丁基、氯丁橡胶、氯磺化聚乙烯等）/织物/自粘料
	树脂类	ZJS1	聚氯乙烯/自粘料
		ZJS2	（乙烯醋酸乙烯共聚物、聚乙烯等）/自粘料
		ZJS3	乙烯醋酸乙烯共聚物与改性沥青共混等/自粘料
		ZFS1	聚氯乙烯/织物/自粘料
		ZFS2	（聚乙烯、乙烯醋酸乙烯共聚物等）/织物/自粘料
异形片	树脂类（防排水保护板）	YS	高密度聚乙烯，改性聚丙烯，高抗冲聚苯乙烯等
点（条）粘片	树脂类	DS1/TS1	聚氯乙烯/织物
		DS2/TS2	（乙烯醋酸乙烯共聚物、聚乙烯等）/织物
		DS3/TS3	乙烯醋酸乙烯共聚物与改性沥青共混物/织物

摘自 GB 18173.1—2012

（2）片材的规格尺寸及允许偏差见表 5-19 和表 5-20，特殊规格由供需双方商定。

表 5-19　片材的规格尺寸

项　目	厚度 mm	宽度 m	长度 m
橡胶类	1.0、1.2、1.5、1.8、2.0	1.0、1.1、1.2	≥20ᵃ
树脂类	＞0.5	1.0、1.2、1.5、2.0、2.5、3.0、4.0、6.0	

ᵃ注：橡胶类片材在每卷20m长度中允许有一处接头，且最小块长度应≥3m，并应加长15cm备作搭接；树脂类片材在每卷至少20m长度内不允许有接头；自粘片材及异型片材每卷10m长度内不允许有接头。

摘自 GB 18173.1—2012

表 5-20　片材规格尺寸允许偏差

项　目	厚　度		宽　度	长　度
允许偏差	＜1.0mm	≥1.0mm	±1%	不允许出现负值
	±10%	±5%		

摘自 GB 18173.1—2012

（3）片材的外观质量要求如下：①片材表面应平整，不能有影响使用性能的杂质、机械损伤、折痕及异常粘着等缺陷；②在不影响使用的条件下，片材表面缺陷应符合以下规定：凹痕深度，橡胶类片材不得超过片材厚度的20%，树脂类片材不得超过5%；气泡深度，橡胶类片材不得超过片材厚度的20%，每1m²内气泡面积不得超过7mm²，树脂类片材不允许有气泡；③异型片表面应边缘整齐，无裂纹、孔洞、粘连、气泡、疤痕及其他机械损伤缺陷。

（4）片材的物理性能应符合如下要求：①均质片的物理性能应符合表5-21的规定。②复合片的物理性能应符合表5-22的规定；对于聚酯胎上涂覆三元乙丙橡胶的FF类片材，拉断伸长率（纵/横）指标不得小于100%，其他性能指标应符合表5-22的规定；对于总厚度小于1.0mm的FS2类复合片材，拉伸强度（纵/横）指标常温（23℃）时不得小于50N/cm、高温（60℃）时不得小于30N/cm，拉断伸长率（纵/横）指标常温（23℃）时不得小于100%、低温（－20℃）时不得小于80%，其他性能应符合表5-22的规定。③自粘片的主体材料应符合表5-21、表5-22中相关类别的要求，自粘层性能应符合表5-23的规定。④异型片的物理性能应符合表5-24的规定。⑤点（条）粘片的主体材料应符合表5-21中相关类别的要求，粘接部位的物理性能应符合表5-25的要求。

表 5-21　均质片的物理性能

项　目			指　标								
			硫化橡胶类			非硫化橡胶类			树脂类		
			JL1	JL2	JL3	JF1	JF2	JF3	JS1	JS2	JS3
拉伸强度	常温（23℃）	≥	7.5	6.0	6.0	4.0	3.0	5.0	10	16	14
（MPa）	高温（60℃）	≥	2.3	2.1	1.8	0.8	0.4	1.0	4	6	5
拉断伸长率	常温（23℃）	≥	450	400	300	400	200	200	200	550	500
（%）	低温（－20℃）	≥	200	200	170	200	100	100	—	350	300
撕裂强度（kN/m）		≥	25	24	23	18	10	10	40	60	60
不透水性（30min）			0.3MPa 无渗漏	0.3MPa 无渗漏	0.2MPa 无渗漏	0.3MPa 无渗漏	0.2MPa 无渗漏	0.2MPa 无渗漏	0.3MPa 无渗漏	0.3MPa 无渗漏	0.3MPa 无渗漏

续表

项目		指标								
		硫化橡胶类			非硫化橡胶类			树脂类		
		JL1	JL2	JL3	JF1	JF2	JF3	JS1	JS2	JS3
低温弯折		−40℃ 无裂纹	−30℃ 无裂纹	−30℃ 无裂纹	−30℃ 无裂纹	−20℃ 无裂纹	−20℃ 无裂纹	−20℃ 无裂纹	−35℃ 无裂纹	−35℃ 无裂纹
加热伸缩量（mm）	延伸 ≤	2	2	2	2	4	4	2	2	2
	收缩 ≤	4	4	4	4	6	10	6	6	6
热空气老化（80℃×168h）	拉伸强度保持率（%） ≥	80	80	80	90	60	80	80	80	80
	拉断伸长率保持率（%） ≥	70	70	70	70	70	70	70	70	70
耐碱性［饱和 Ca(OH)$_2$溶液 23℃×168h］	拉伸强度保持率（%） ≥	80	80	80	80	70	70	80	80	80
	拉断伸长率保持率（%） ≥	80	80	80	90	80	70	80	90	90
臭氧老化（40℃×168h）	伸长率（40%）500 ×10^{-8}	无裂纹	—	—	无裂纹	—	—	—	—	—
	伸长率（20%）200 ×10^{-8}	—	无裂纹	—	—	—	—	—	—	—
	伸长率（20%）100 ×10^{-8}	—	—	无裂纹	—	无裂纹	无裂纹	—	—	—
人工气候老化	拉伸强度保持率（%） ≥	80	80	80	80	70	80	80	80	80
	拉断伸长率保持率（%） ≥	70	70	70	70	70	70	70	70	70
粘结剥离强度（片材与片材）	标准试验条件（N/mm） ≥	1.5								
	浸水保持率（23℃ ×168h）% ≥	70								

注 1. 人工气候老化和粘结剥离强度为推荐项目。
  2. 非外露使用可以不考核臭氧老化、人工气候老化、加热伸缩量、60℃拉伸强度性能。

摘自 GB 18731.1—2012

表 5-22 复合片的物理性能

项目		指标			
		硫化橡胶类	非硫化橡胶类	树脂类	
		FL	FF	FS1	FS2
拉伸强度（N/cm）	常温（23℃） ≥	80	60	100	60
	高温（60℃） ≥	30	20	40	30
拉断伸长率%	常温（23℃） ≥	300	250	150	400
	低温（−20℃） ≥	150	50	—	300

续表

项　目		指　标			
		硫化橡胶类	非硫化橡胶类	树脂类	
		FL	FF	FS1	FS2
撕裂强度（N）	≥	40	20	20	50
不透水性（0.3MPa，30min）		无渗漏	无渗漏	无渗漏	无渗漏
低温弯折		−35℃无裂纹	−20℃无裂纹	−30℃无裂纹	−20℃无裂纹
加热伸缩量（mm）	延伸 ≤	2	2	2	2
	收缩 ≤	4	4	2	4
热空气老化	拉伸强度保持率（%）≥	80	80	80	80
（80℃×168h）	拉断伸长率保持率（%）≥	70	70	70	70
耐碱性［饱和 Ca(OH)$_2$	拉伸强度保持率（%）≥	80	60	80	80
溶液 23℃×168h]	拉断伸长率保持率（%）≥	80	60	80	80
臭氧老化（40℃×168h），200×10^{-8}，伸长率20%		无裂纹	无裂纹	—	—
人工气候老化	拉伸强度保持率（%）≥	80	70	80	80
	拉断伸长率保持率（%）≥	70	70	70	70
粘结剥离强度	标准试验条件(N/mm)≥	1.5	1.5	1.5	1.5
（片材与片材）	浸水保持率（23℃×168h）%≥	70		70	
复合强度（FS2 型表层与芯层）（MPa）	≥	—			0.8

注：1. 人工气候老化和粘合性能项目为推荐项目。

　　2. 非外露使用可以不考核臭氧老化、人工气候老化、加热伸缩量、高温（60℃）拉伸强度性能。

摘自 GB 18173.1—2012

表 5-23　自粘层性能

项　目			指　标
低温弯折			−25℃无裂纹
持粘性 min		≥	20
剥离强度(N/mm)	标准试验条件	片材与片材 ≥	0.8
		片材与铝板 ≥	1.0
		片材与水泥砂浆板 ≥	1.0
	热空气老化后（80℃×168h）	片材与片材 ≥	1.0
		片材与铝板 ≥	1.2
		片材与水泥砂浆板 ≥	1.2

摘自 GB 18173.1—2012

表 5-24　异型片的物理性能

项　目		指　标		
		膜片厚度	膜片厚度	膜片厚度
		<0.8mm	0.8～1.0mm	≥1.0mm
拉伸强度(N/cm)	≥	40	56	72
拉断伸长率（%）	≥	25	35	50

续表

项 目			指标		
			膜片厚度 <0.8mm	膜片厚度 0.8～1.0mm	膜片厚度 ≥1.0mm
抗压性能	抗压强度（kPa）	≥	100	150	300
	壳体高度压缩50％后外观		无破损		
排水截面积 cm²		≥	30		
热空气老化 (80℃×168h)	拉伸强度保持率（％）	≥	80		
	拉断伸长率保持率（％）	≥	70		
耐碱性［饱和 Ca(OH)₂ 溶液 23℃×168h]	拉伸强度保持率（％）	≥	80		
	拉断伸长率保持率（％）	≥	80		

注：壳体形状和高度无具体要求，但性能指标须满足本表规定。

摘自 GB 18173.1—2012

表 5-25 点（条）粘片粘接部位的物理性能

项 目		指标		
		DS1/TS1	DS2/TS2	DS3/TS3
常温（23℃）拉伸强度(N/cm)	≥	100	60	
常温（23℃）拉断伸长率％	≥	150	400	
剥离强度(N/mm)	≥	1		

摘自 GB 18173.1—2012

9. 种植屋面用耐根穿刺防水卷材

种植屋面用耐根穿刺防水卷材是一类适用于种植屋面使用的具有耐根穿刺能力的防水卷材。种植屋面用耐根穿刺防水卷材根据其材质的不同，可分为改性沥青类（B）、塑料类（P）、橡胶类（R）等三类。此类产品已发布了建材行业标准 JC/T 1075—2008《种植屋面用耐根穿刺防水卷材》对其提出的技术要求如下：

1）种植屋面用耐根穿刺防水卷材的生产与使用不应对人体、生物与环境造成有害的影响，所涉及与使用有关的安全与环保要求，应符合我国相关国家标准和规范的规定。

2）改性沥青类防水卷材厚度不小于 4.0mm，塑料、橡胶类防水卷材不小于 1.2mm。

3）种植屋面用耐根穿刺防水卷材基本性能（包括人工气候加速老化），应符合相应国家标准或行业标准中的相关要求。表 5-26 列出了应符合的现行国家标准中的相关要求。

表 5-26 现行国家标准及相关要求

序号	标准名称	要求
1	GB 18242 弹性体改性沥青防水卷材	Ⅱ型全部要求（见本章 5.2.2 节 2)
2	GB 18243 塑性体改性沥青防水卷材	Ⅱ型全部要求（见本章 5.2.2 节 3)
3	GB 18967 改性沥青聚乙烯胎防水卷材	Ⅱ型全部要求（见表 5-27)
4	GB 12952 聚氯乙烯防水卷材	全部要求（见本章 5.2.2 节 6)
5	GB 18173.1 高分子防水材料 第 1 部分：片材	全部要求（见本章 5.2.2 节 8)

表 5-27　改性沥青聚乙烯胎防水卷材的物理力学性能

序号	项目			技术指标				
				T				S
				O	M	P	R	M
1	不透水性			0.4MPa，30mins 不透水				
2	耐热度（℃）			90				70
				无流淌，无起泡				
3	低温柔度（℃）			−5	−10	−20	−20	−20
				无裂纹				
4	拉伸性能	拉力（N/50mm）≥	纵向	200			400	200
			横向					
		断裂延伸率（%）≥	纵向	120				
			横向					
5	尺寸稳定性	℃		90				70
		（%）≤		2.5				
6	卷材下表面沥青涂盖层厚度 mm			1.0				—
7	剥离强度（N/mm）≥	卷材与卷材		—				1.0
		卷材与铝板		—				1.5
8	钉杆水密性			—				通过
9	持粘性（min）≥			—				15
10	自粘沥青再剥离强度（与铝板）（N/mm）≥			—				1.5
11	热空气老化	纵向拉力（N/50mm）≥		200			400	200
		纵向断裂延伸率（%）≥		120				
		低温柔度℃		−5	0	−10	−10	−10
				无裂纹				

摘自 GB 18967—2009

4）种植屋面用耐根穿刺防水卷材应用性能应符合表 5-28 的要求。

表 5-28　耐根穿刺防水卷材的应用性能

序号	项目		技术指标
1	耐根穿刺性能		通过
2	耐霉菌腐蚀性	防霉等级	0 级或 1 级
		拉力保持率（%）≥	80
3	尺寸变化率（%）≤		1.0

摘自 JC/T 1075—2008

5.2.3　增强层材料

增强层材料是指夹铺在非固化橡胶沥青防水涂料中间，起着增加涂层拉伸强度作用的一类材料。胎体增强材料有聚酯无纺布、化纤无纺布等产品。国家标准 GB 50345—2012《屋面工程技术规范》对胎体增强材料的主要性能指标提出的要求，见表 5-29。

表 5-29　胎体增强材料主要性能指标

项　目		指　标	
		聚酯无纺布	化纤无纺布
外观		均匀、无团状、平整无皱折	
拉力 （N/50mm）	纵向	≥150	≥45
	横向	≥100	≥35
延伸率 （%）	纵向	≥10	≥20
	横向	≥20	≥25

摘自 GB 50345—2012

5.2.4　隔离材料

隔离材料是指铺贴在非固化橡胶沥青防水涂层表面起保护、隔离作用的一类材料。

隔离层所采用的隔离材料有塑料膜（如 PE 片材）、土工布、卷材（如纸胎油毡）以及低强度等级砂浆等。其适应范围和技术要求应符合表 5-30 的规定。

表 5-30　隔离层材料的使用范围和技术要求

隔离层材料	使用范围	技术要求
塑料膜	块体材料、水泥砂浆保护层	0.3mm 厚聚乙烯膜或 3mm 厚发泡聚乙烯膜
土工布		200g/m² 聚酯无纺布
卷材		石油沥青卷材一层
低强度等级砂浆	细石混凝土保护层	10mm 厚黏土砂浆，石灰膏：砂：黏土=1：2.4：3.6
		10mm 厚石灰砂浆，石灰膏：砂=1：4
		5mm 厚掺有纤维的石灰砂浆

5.2.5　保护层材料

保护层宜采用水泥砂浆、细石混凝土或块体材料，其质量应符合相关标准的规定。

5.3

非固化橡胶沥青防水层的设计要点

5.3.1 屋面非固化橡胶沥青防水层的设计

屋面非固化橡胶沥青防水防水层的设计要点如下：

1）屋面防水宜采用非固化橡胶沥青防水涂料复合防水层构造。复合防水层平屋面的防水构造做法参见表 5-31；复合防水层种植平屋面的防水构造做法参见表 5-32；无保温的复合防水层平屋面的防水构造参见图 5-3；屋面Ⅰ级防水工程材料的选用参见表 5-33；屋面Ⅱ级防水工程材料的选用参见表 5-34；种植屋面Ⅰ级防水工程材料的选用参见表 5-35。

表 5-31 平屋面的防水构造做法

构造编号	简 图	构造做法	备注
屋面①（Ⅰ级） 正置式		1. 面层（按设计要求） 2. 隔离层：0.4PE 膜或 0.8 土工布 3. 卷材防水层 4. 涂膜防水层 5. 找平层：20 厚 1：2.5 水泥砂浆 6. 隔离层：0.4PE 膜或 0.8 土工布 7. 保温层（按设计要求） 8. 找平层：20 厚 1：2.5 水泥砂浆 9. 找坡层（按设计要求） 10. 现浇钢筋混凝土屋面板	WⅠ-1 WⅠ-2 WⅠ-3 WⅠ-4 WⅠ-5
屋面②（Ⅰ级） 倒置式		1. 面层（按设计要求） 2. 找平层：20 厚 1：2.5 水泥砂浆 3. 隔离层：0.4PE 膜或 0.8 土工布 4. 保温层（按设计要求） 5. 卷材防水层 6. 涂膜防水层 7. 找平层：20 厚 1：2.5 水泥砂浆 8. 找坡层（按设计要求） 9. 现浇钢筋混凝土屋面板	WⅠ-1 WⅠ-2 WⅠ-3 WⅠ-4 WⅠ-5

续表

构造编号	简　图	构造做法	备注
屋面③（Ⅱ级） 正置式		1. 面层（按设计要求） 2. 隔离层：0.4PE 膜或 0.8 土工布 3. 卷材防水层 4. 涂膜防水层 5. 找平层：20 厚 1∶2.5 水泥砂浆 6. 隔离层：0.4PE 膜或 0.8 土工布 7. 保温层（按设计要求） 8. 找平层：20 厚 1∶2.5 水泥砂浆 9. 找坡层（按设计要求） 10. 现浇钢筋混凝土屋面板	WⅡ-1 WⅡ-2 WⅡ-3 WⅡ-4 WⅡ-5 WⅡ-6
屋面④（Ⅱ级） 倒置式		1. 面层（按设计要求） 2. 找平层：20 厚 1∶2.5 水泥砂浆 3. 隔离层：0.4PE 膜或 0.8 土工布 4. 保温层（按设计要求） 5. 卷材防水层 6. 涂膜防水层 7. 找平层：20 厚 1∶2.5 水泥砂浆 8. 找坡层（按设计要求） 9. 现浇钢筋混凝土屋面板	WⅡ-1 WⅡ-2 WⅡ-3 WⅡ-4 WⅡ-5 WⅡ-6

摘自图集 15SJ 1508

表 5-32　种植平屋面的防水构造做法

构造编号	简　图	构造做法	备注
种植屋面 （Ⅰ级）正置式		1. 种植层（按设计要求） 2. 过滤层、排（蓄）水板 3. 保护层 4. 隔离层：0.4PE 膜或 0.8 土工布 5. 耐根穿刺卷材防水层 6. 涂膜防水层 7. 找平层：20 厚 1∶2.5 水泥砂浆 8. 隔离层：0.4PE 膜或 0.8 土工布 9. 保温层：（按设计要求） 10. 找平层：20 厚 1∶2.5 水泥砂浆 11. 找坡层（按设计要求） 12. 现浇钢筋混凝土屋面板	ZWⅠ-1 ZWⅠ-2

摘自图集 15SJ 1508

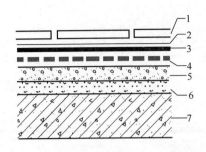

图 5-3 无保温层防水屋面构造

1—面层（按设计要求）；2—隔离层 0.4mm PE 膜或 0.8mm 土工布；
3—卷材防水层；4—非固化涂膜；5—找平层；6—找坡层（按设计
要求）；7—基层

表 5-33 屋面 I 级防水工程材料的选用

索引号	防水层做法
WI-1	上层：≥1.5 厚自粘聚合物改性沥青防水卷材无胎基（N 类） 下层：≥2.0 厚 DNC 非固化橡胶沥青防水涂料
WI-2	上层：≥2.0 厚自粘聚合物改性沥青防水卷材聚酯胎（PY 类） 下层：≥2.0 厚 DNC 非固化橡胶沥青防水涂料
WI-3	上层：≥3.0 厚弹性体（SBS）/塑性体（APP）改性沥青防水卷材 下层：≥2.0 厚 DNC 非固化橡胶沥青防水涂料
WI-4	上层：≥3.0 厚沥青复合胎柔性防水卷材 下层：≥2.0 厚 DNC 非固化橡胶沥青防水涂料
WI-5	上层：≥1.2 厚高分子类防水卷材 下层：≥2.0 厚 DNC 非固化橡胶沥青防水涂料

表 5-34 屋面 II 级防水工程材料的选用

索引号	防水层做法
WII-1	上层：≥1.2 厚自粘聚合物改性沥青防水卷材无胎基（N 类） 下层：≥1.5 厚 DNC 非固化橡胶沥青防水涂料
WII-2	上层：≥2.0 厚自粘聚合物改性沥青防水卷材聚酯胎（PY 类） 下层：≥1.5 厚 DNC 非固化橡胶沥青防水涂料
WII-3	上层：≥3.0 厚弹性体（SBS）/塑性体（APP）改性沥青防水卷材 下层：≥1.5 厚 DNC 非固化橡胶沥青防水涂料
WII-4	上层：≥3.0 厚沥青复合胎柔性防水卷材 下层：≥1.5 厚 DNC 非固化橡胶沥青防水涂料
WII-5	上层：≥1.2 厚高分子类防水卷材 下层：≥1.5 厚 DNC 非固化橡胶沥青防水涂料
WII-6	上层：≥0.7 厚聚乙烯丙纶防水卷材 下层：≥2.0 厚 DNC 非固化橡胶沥青防水涂料

表 5-35 种植屋面 I 级防水工程材料的选用

索引号	防水层做法
ZW I -1	上层：≥4.0厚改性沥青类化学阻根耐根穿刺防水卷材
	下层：≥2.0厚DNC非固化橡胶沥青防水涂料
ZW I -2	上层：≥1.2厚高分子类耐根穿刺防水卷材
	下层：≥2.0厚DNC非固化橡胶沥青防水涂料

2）屋面排水坡度应符合设计要求和现行国家标准及其他相关标准的规定。

3）复合防水层表面应做保护层。保护层宜采用水泥砂浆、细石混凝土、块体材料等。

4）屋面坡度应符合设计要求。

5）在平面与立面转角处、女儿墙、水落口、出屋面管根、天沟等细部构造部位应做加强处理。屋面细部防水构造要点如下：

（1）复合防水层在檐口部位应固定牢靠，封闭严密，檐口下端应做滴水处理，参见图5-4～图5-5。

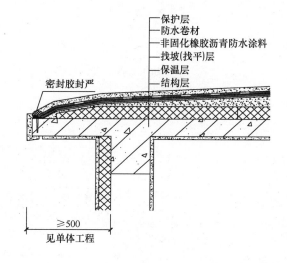

图 5-4 檐口防水构造（一）

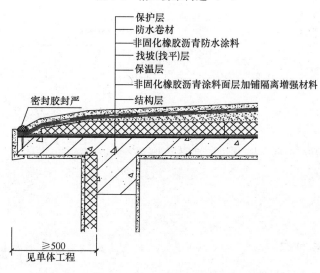

图 5-5 檐口防水构造（二）

（2）天沟、檐沟防水层下应增设非固化橡胶沥青防水涂料夹铺胎体增强材料附加层。复合防水层应由沟底翻上至沟外侧顶部，防水层的收头应固定牢靠，封闭严密，参见图5-6、图5-7。

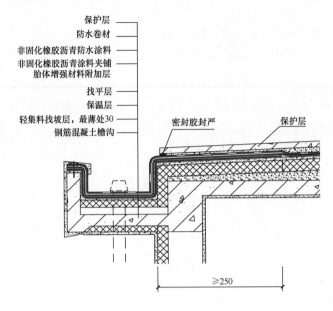

图5-6　檐沟防水构造（一）

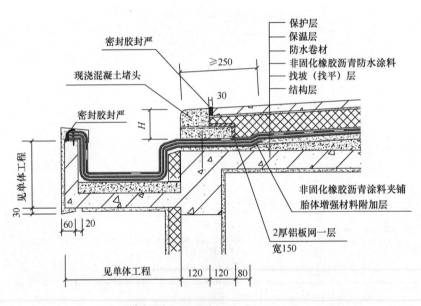

图5-7　檐沟防水构造（二）

3）女儿墙可分为钢筋混凝土女儿墙和砌体女儿墙。其防水构造参见图5-8；低女儿墙泛水处的复合防水层可直接粘铺至压顶下，其收头应固定牢靠、封闭严密见图5-9；压顶亦应做好防水处理；高女儿墙复合防水层的泛水高度不应小于250mm，其收头应固定牢靠、封闭严密；泛水上部的墙体应做防水处理见图5-10。

4）水落口周边500mm范围内坡度不应小于5%，复合防水层下面应增设非固化橡胶沥青防水涂料夹铺胎体增强材料附加层，复合防水层和增强附加层应深入水落口内不应小于50mm，水落口有横式水落口和直式水落口等形式。横式水落口的防水构造见图5-11；直式水落口的防水构造见图5-12；内排

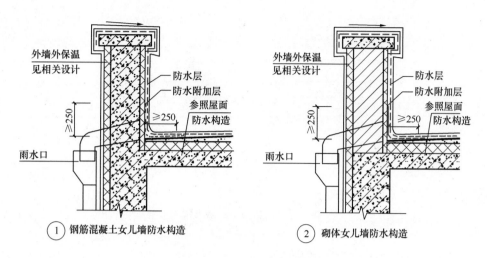

① 钢筋混凝土女儿墙防水构造

② 砌体女儿墙防水构造

图 5-8　女儿墙防水构造

雨水口防水构造见图 5-13；女儿墙外排水落口防水构造参见图 5-14；女儿墙内排水落口防水构造参见图 5-15。

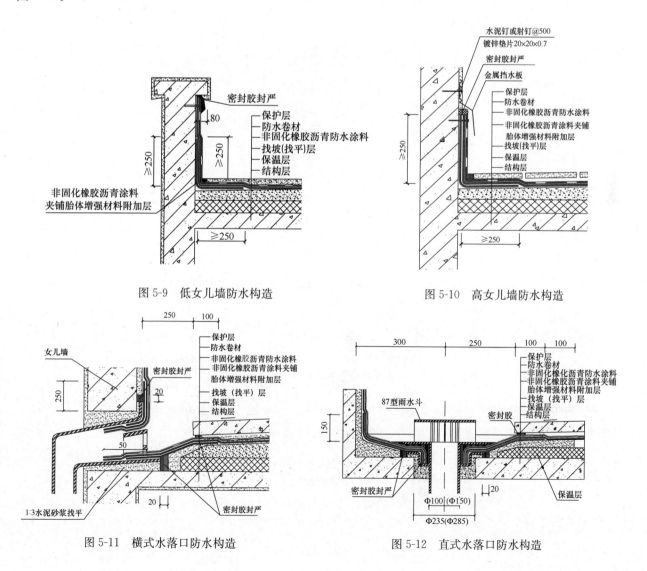

图 5-9　低女儿墙防水构造

图 5-10　高女儿墙防水构造

图 5-11　横式水落口防水构造

图 5-12　直式水落口防水构造

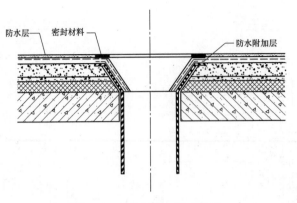

图 5-13　内排雨水口防水构造

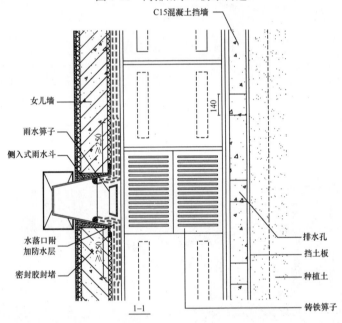

图 5-14　女儿墙外排水落口

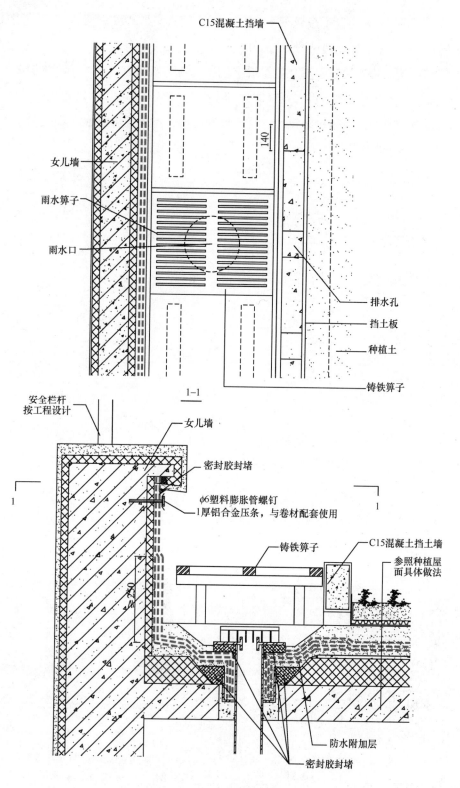

图 5-15　女儿墙内排水落口

5）屋面变形缝泛水处应增设附加防水层，附加防水层在平面和立面的宽度不应小于 250mm；变形缝内应填放不燃保温材料，上部应采用防水卷材覆盖，并放置衬垫材料，再在其上覆盖一层卷材。等高变形缝的顶部宜加混凝土盖板或金属盖板见图 5-16、图 5-17；高低跨变形缝处，应采用能适应变形要求的材料和构造进行固定和密封处理见图 5-18。

6）设施基座与结构层相连接时，复合防水层应包裹设施基座的上部，并应在地脚螺栓周围做密封处理见图 5-19；若在复合防水层上面设置设施时，则复合防水层上应增设卷材防水层。

7）伸出屋面的管道其周围应抹出圆锥台，泛水处复合防水层的高度不应小于 250mm，其收头应采用金属箍箍紧，并用密封材料封严见图 5-20；伸出屋面的排汽道防水构造参见图 5-21。

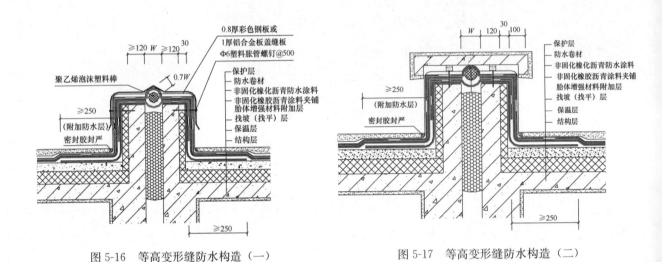

图 5-16　等高变形缝防水构造（一）　　　　　　图 5-17　等高变形缝防水构造（二）

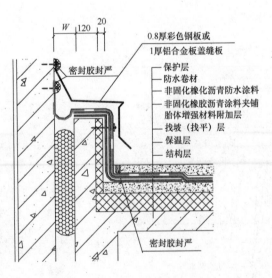

图 5-18　高低跨变形缝防水构造

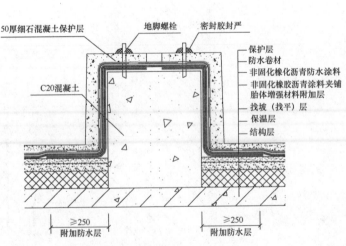

图 5-19　设施基座防水构造

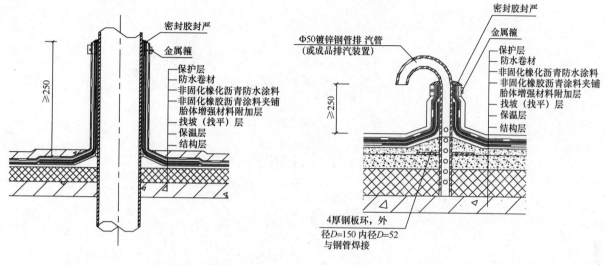

图 5-20　伸出屋面管道防水构造

图 5-21　伸出屋面排汽道防水构造

8）雨篷的防水构造参见图 5-22；阳台的防水构造参见图 5-23；屋面出入口的防水构造参见图 5-24。

9）种植屋面应设置挡墙和缓冲带，复合防水层的面层应是耐根穿刺防水卷材，其防水构造参见图 5-25、图 5-26；变形缝的做法参见图 5-27。

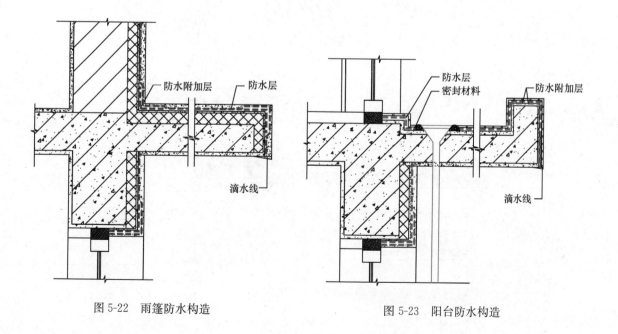

图 5-22　雨篷防水构造

图 5-23　阳台防水构造

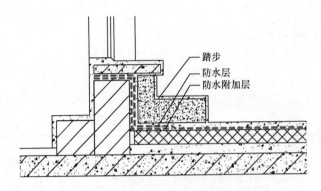

图 5-24 屋面出入口防水构造

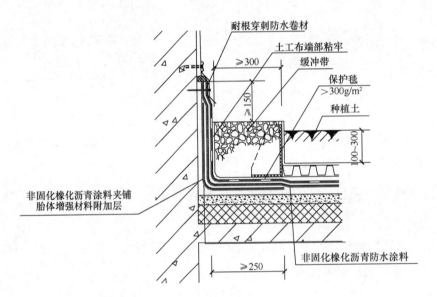

图 5-25 种植屋面防水构造（一）

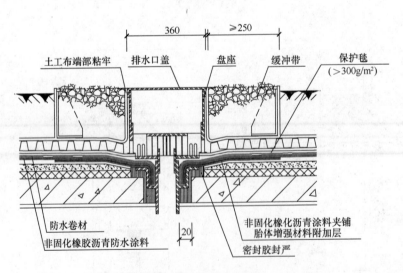

图 5-26 种植屋面防水构造（二）

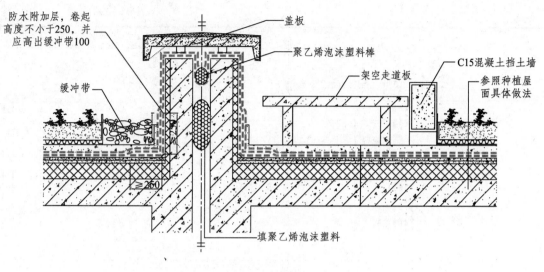

图 5-27　变形缝做法

5.3.2　地下防水工程非固化橡胶沥青防水涂料防水层的设计

地下防水工程非固化橡胶沥青防水涂料防水层的设计要点如下：

1) 地下防水工程可选用涂料复合防水层构造。复合防水层地下防水工程构造做法参见表 5-36；复合防水层地下室种植顶板防水工程构造做法参见图 5-37；复合防水层明挖法地铁防水构造做法参见表 5-38；地下 I 级防水工程材料的选用参见表 5-39；地下 II 级防水工程材料的选用参见表 5-40；地下室种植顶板防水工程材料的选用参见表 5-35。

表 5-36　地下防水工程构造做法

构造编号	简　图	构造做法	备注
底板① （I级）		1. 自防水钢筋混凝土底板	
		2. 保护层（按工程设计定）	DI-1
		3. 隔离层：0.4PE 膜或 0.8 土工布	DI-2
		4. 卷材防水层	DI-3
		5. 涂膜防水层	DI-4
		6. 100 厚 C20 混凝土垫层，随捣随提浆抹平	DI-5
		7. 地基土	
底板② （II级）		1. 自防水钢筋混凝土底板	
		2. 保护层（按工程设计定）	
		3. 隔离层：0.4PE 膜或 0.8 土工布	DII-1
		4. 卷材防水层	
		5. 涂膜防水层	DII-2
		6. 100 厚 C20 混凝土垫层，随捣随提浆抹平	
		7. 地基土	

续表

构造编号	简　图	构造做法	备注
侧墙① （Ⅰ级）		1. 自防水钢筋混凝土侧墙 2. 找平层：20厚1：2.5水泥砂浆 3. 涂膜防水层 4. 卷材防水层 5. 泡沫板保护层 6. 3：7回填土	DⅠ-1 DⅠ-2 DⅠ-3 DⅠ-4 DⅠ-5
侧墙① （Ⅰ级）		1. 自防水钢筋混凝土侧墙 2. 找平层：20厚1：2.5水泥砂浆 3. 涂膜防水层 4. 卷材防水层 5. 泡沫板保护层 6. 3：7回填土	DⅡ-1 DⅡ-2
顶板① （Ⅰ级）		1. 回填土或面层 2. 保护层（按工程设计定） 3. 隔离层：0.4PE膜或0.8土工布 4. 卷材防水层 5. 涂膜防水层 6. 找平层：20厚1：2.5水泥砂浆 7. 自防水钢筋混凝土顶板	DⅠ-1 DⅠ-2 DⅠ-3 DⅠ-4 DⅠ-5
顶板② （Ⅱ级）		1. 回填土或面层 2. 保护层（按工程设计定） 3. 隔离层：0.4PE膜或0.8土工布 4. 卷材防水层 5. 涂膜防水层 6. 找平层：20厚1：2.5水泥砂浆 7. 自防水钢筋混凝土顶板	DⅡ-1 DⅡ-2

表 5-37　地下室种植顶板防水工程构造做法

构造编号	简　图	构造做法	备注
种植顶板 （Ⅰ级）正置式		1. 种植层（按设计要求） 2. 过滤层、排（蓄）水板 3. 保护层 4. 隔离层：0.4PE 膜或 0.8 土工布 5. 耐根穿刺卷材防水层 6. 涂膜防水层 7. 找平层：20 厚 1：2.5 水泥砂浆 8. 隔离层：0.4PE 膜或 0.8 土工布 9. 保温层（按设计要求） 10. 找平层：20 厚 1：2.5 水泥砂浆 11. 找坡层（按设计要求） 12. 自防水钢筋混凝土顶板	ZWⅠ-1 ZWⅠ-2

摘自图集 15SJ 1508

表 5-38　明挖法地铁防水构造做法

构造编号	简图	构造做法	备注
明挖法 地铁底板 （Ⅰ级）		1. 自防水钢筋混凝土底板 2. 保护层（按工程设计定） 3. 隔离层：0.4PE 膜或 0.8 土工布 4. 卷材防水层 5. 涂膜防水层 6. 100 厚 C20 混凝土垫层，随捣随提浆抹平 7. 地基土	DⅠ-1 DⅠ-2 DⅠ-3 DⅠ-4 DⅠ-5
明挖法 地铁侧墙 （Ⅰ级）		1. 自防水钢筋混凝土侧墙 2. 找平层：20 厚 1：2.5 水泥砂浆 3. 涂膜防水层 4. 卷材防水层 5. 泡沫板保护层 6. 3：7 回填土	DⅠ-1 DⅠ-2 DⅠ-3 DⅠ-4 DⅠ-5
明挖法 地铁顶板 （Ⅰ级）		1. 回填土或面层 2. 保护层（按工程设计定） 3. 隔离层：0.4PE 膜或 0.8 土工布 4. 卷材防水层 5. 涂膜防水层 6. 找平层：20 厚 1：2.5 水泥砂浆 7. 自防水钢筋混凝土顶板	DⅠ-1 DⅠ-2 DⅠ-3 DⅠ-4 DⅠ-5

摘自图集 15SJ 1508

表 5-39　地下 I 级防水工程材料选用表

索引号	防水层做法
D I -1	1. 自防水钢筋混凝土主体结构 2. ≥2.0 厚 DNC 非固化橡胶沥青防水涂料 3. ≥1.5 厚自粘聚合物改性沥青防水卷材无胎基（N 类）
D I -2	1. 自防水钢筋混凝土主体结构 2. ≥2.0 厚 DNC 非固化橡胶沥青防水涂料 3. ≥3.0 厚自粘聚合物改性沥青防水卷材聚酯胎（PY 类）
D I -3	1. 自防水钢筋混凝土主体结构 2. ≥2.0 厚 DNC 非固化橡胶沥青防水涂料 3. ≥4.0 厚弹性体（SBS）/塑性体（APP）改性沥青防水卷材
D I -4	1. 自防水钢筋混凝土主体结构 2. ≥2.0 厚 DNC 非固化橡胶沥青防水涂料 3. ≥4.0 厚沥青复合胎柔性防水卷材
D I -5	1. 自防水钢筋混凝土主体结构 2. ≥2.0 厚 DNC 非固化橡胶沥青防水涂料 3. ≥1.2 厚高分子类防水卷材

表 5-40　地下 II 级防水工程材料选用表

D II -1	1. 自防水钢筋混凝土主体结构 2. ≥1.2 厚 DNC 非固化橡胶沥青防水涂料 3. ≥1.2 厚自粘聚合物改性沥青防水卷材无胎基（N 类）
D II -2	1. 自防水钢筋混凝土主体结构 2. ≥1.5 厚 DNC 非固化橡胶沥青防水涂料 3. ≥0.7 厚聚乙烯丙纶防水卷材

2）复合防水层的位置应符合设计要求。

3）地下室细部防水构造要点如下：

（1）侧墙中非固化橡胶沥青复合防水层在接茬、阴阳角、转角处等特殊部位应做加强处理。

（2）底板与立墙进行外防外贴法施工，复合防水层连接部位甩茬与接茬的防水构造参见图 5-28；底板与立墙进行外防内贴法施工，复合防水层的防水构造参见图 5-29；地下室外防外贴的防水构造见图 5-30；地下室外防内贴的防水构造见图 5-31。

（3）外墙复合防水层应高出地坪以上 500mm 并做好收头的固定和密封处理。其防水构造参见图 5-32。

（4）地下室顶板和侧墙转角处的防水，应增设一道防水附加层作为加强处理见图 5-33；地下室底板和侧墙转角防水构造参见图 5-34。

（5）后浇带应增设非固化橡胶沥青防水涂料夹铺胎体增强材料附加层，附加层应从后浇带两侧向外延伸 300～400mm。其防水构造参见图 5-35～图 5-38。

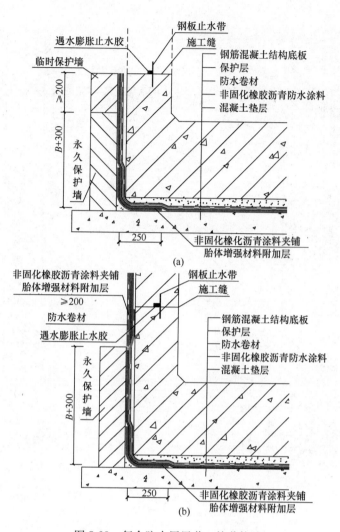

图 5-28　复合防水层甩茬、接茬构造

（a）甩茬；（b）接茬

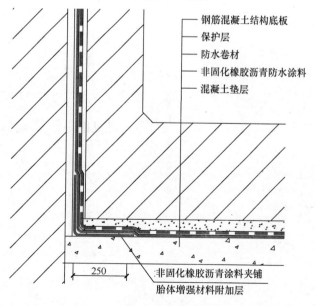

图 5-29　外防内贴立面防水构造

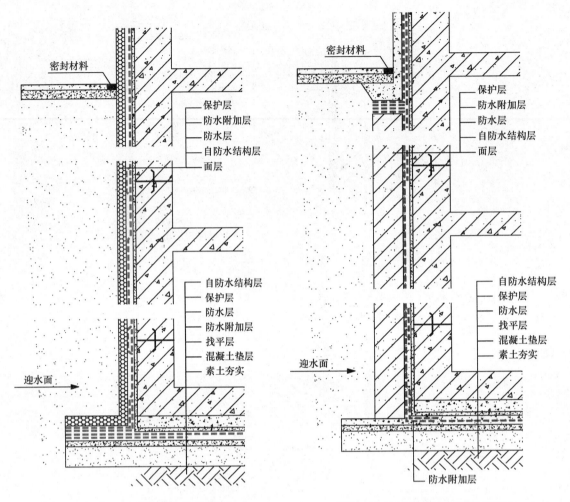

图 5-30 地下室外防外贴防水构造

图 5-31 地下室外防内贴防水构造

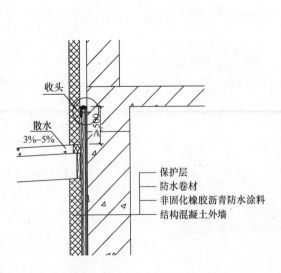

图 5-32 外墙收头复合防水构造

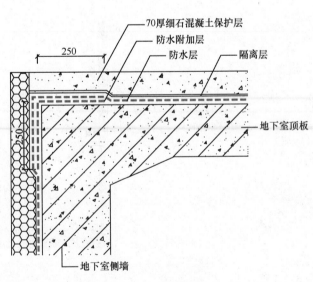

图 5-33 顶板和侧墙转角构造

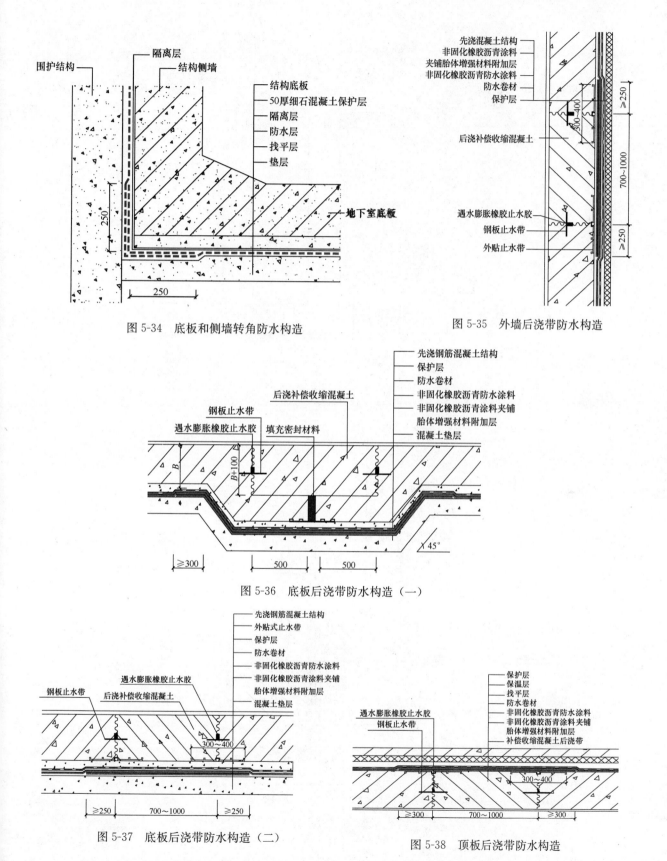

图 5-34　底板和侧墙转角防水构造

图 5-35　外墙后浇带防水构造

图 5-36　底板后浇带防水构造（一）

图 5-37　底板后浇带防水构造（二）

图 5-38　顶板后浇带防水构造

（6）底板与地下室底板位于同标高上的防水构造，参见图 5-39；位于不同一标高上防水构造，参见图 5-40。

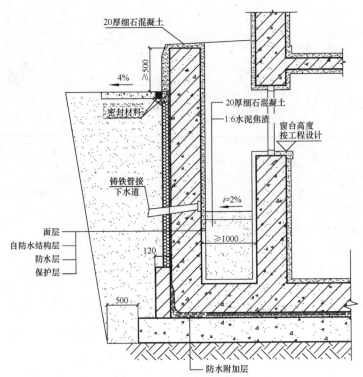

图 5-39 窗井底板与地下室底板同标高

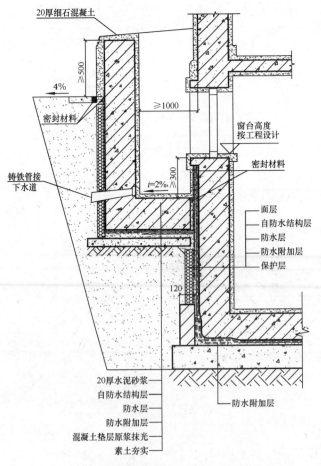

图 5-40 窗井底板与地下室底板不在统一标高上

（7）底板变形缝应增设复合防水附加层，附加层在变形缝两侧向外延伸宽度不应小于 250mm，其防水构造参见图 5-41；外墙外贴侧墙变形缝的防水构造参见图 5-42；外墙内贴侧墙变形缝的防水构造参见图 5-43；顶板变形缝的防水构造参见图 5-44。

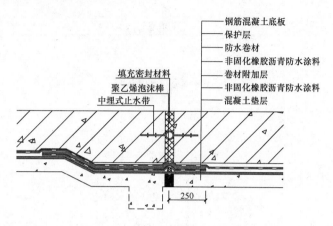

图 5-41　底板变形缝复合防水构造

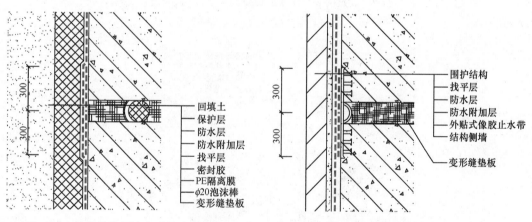

图 5-42　外防外贴侧墙变形缝防水构造　　　　图 5-43　外防内贴侧墙变形缝防水构造

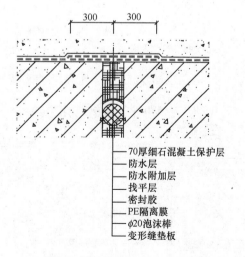

图 5-44　顶板变形缝防水构造

（8）外墙穿墙管收头处的复合防水层应用卡套箍紧，并做好密封处理，其防水构造参见图 5-45。

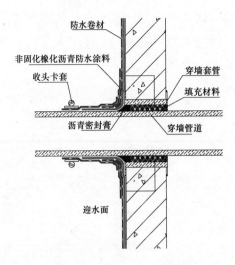

图 5-45　穿墙管复合防水构造

（9）桩头及立面与垫层 250mm 范围内均应涂刷水泥基渗透结晶型防水涂料，涂层厚度不应小于 1.0mm；垫层的复合防水层和附加层应与桩头周边连接并做好密封处理，其防水构造参见图 5-46、图 5-47。

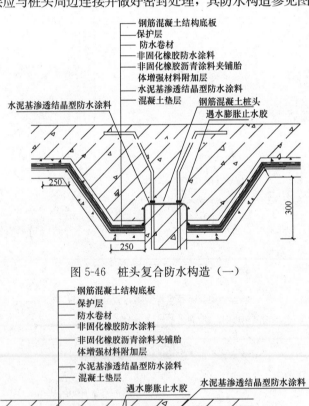

图 5-46　桩头复合防水构造（一）

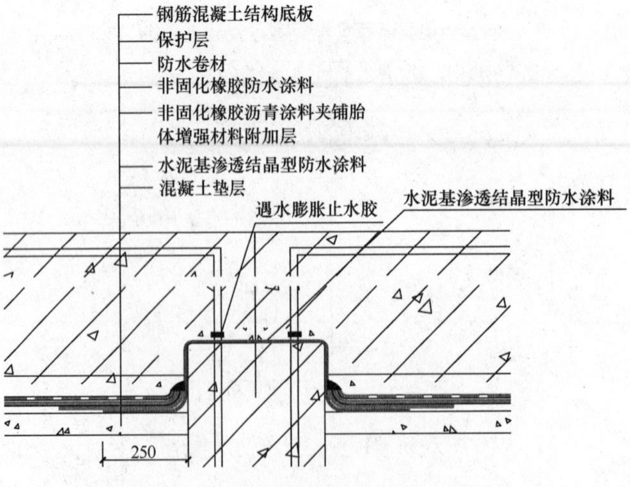

图 5-47　桩头复合防水构造（二）

Chapter 06

第 6 章

非固化橡胶沥青防水涂料防水层的施工

6.1

非固化橡胶沥青防水涂料防水层的施工

6.1.1 非固化橡胶沥青防水涂料防水层的施工工艺流程

非固化橡胶沥青防水涂料防水层的施工工艺流程，参见图 6-1。

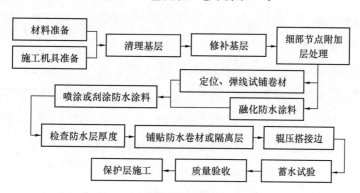

图 6-1 非固化橡胶沥青防水涂料防水层的施工工艺流程

6.1.2 非固化橡胶沥青防水涂料防水层的施工基本要点

非固化橡胶沥青防水涂料防水层的施工基本要点如下：

1）非固化橡胶沥青防水涂料防水层的施工应由具有资质的防水专业队伍进行施工，关键岗位的操作施工人员必须持证上岗，并应经过专门加热和喷涂培训之后，方能进入施工场地进行施工操作；进行注浆堵漏施工的操作施工人员应经过注浆专业培训，方能进入施工场地上岗进行施工操作。

2）防水施工前，应对图纸进行会审，掌握细部构造以及关键技术要求，编制相应做法的防水施工方案，其防水施工方案应经过审批后方可实施，实施前应向施工人员进行安全、技术交底。

3）施工人员进入施工现场时，应配备相应的防护用品，应戴好安全帽、防护服、防护眼镜、过滤口罩，穿好防滑鞋，特殊情况下无可靠安全措施时，操作人员必须系好安全带并扣好保险钩。

4）屋面施工时，屋面周边和预留孔洞等部位必须按临边、洞口防护规定应设置安全防护栏和安全防护网，屋面坡度大于30%时，应采取防滑措施。

5）严禁在雨天、雪天和五级风及其以上时进行防水施工。

6）防水材料及其他辅助材料进场时应有出厂合格证（防水卷材应有生产许可证）和技术性能的检测报告，材料的各项性能指标均应符合国家相关标准的规定。

7）防水材料以及主要辅助材料进入施工现场后，应见证抽样复验，抽样复验的涂料应按10t为一个批次，不足10t也作为一个批次。复验合格后才能使用。

8）主要的施工机具有清理基层工具（扫帚、钢丝刷、吹风机、锤子、小平铲等）；施工机具（喷涂设备、刮涂用挤压泵、输料管、喷枪、开刀、刮板、遮挡布、胶带、钢卷尺、粉笔、裁料刀、压辊、脱桶机、刮涂机、溶胶机、配电箱等）；注浆堵漏设备（注浆泵应满足不间断连续加料，能满足结构孔深2m、注浆压力0.1MPa以上；钻头规格应符合注浆堵漏的技术要求。

9）非固化橡胶沥青防水涂料防水层的基层表面应坚固、平整、干燥，无起皮、起砂、尖锐凸起物等现象。基层宜干燥，不得有明水或含水率达到饱和状态，排水坡度则应符合设计要求。

10）基层表面若明显凹凸不平时，宜先用水泥砂浆抹平，穿出建筑物屋面、地下室顶板和地下室外墙的管道、预埋件、设备基础等均应在防水层施工前埋设和安装牢固，管道与结构之间的接缝应采用细石混凝土或聚合物防水砂浆堵严。

11）应用专用工具将基层浮浆及尘土杂物清理干净。

12）细部附加层的施工应符合以下要点：① 屋面施工前应先确定细部附加层的部位，阴阳角以及管道周边附加层的宽度不应小于250mm。屋面的水落口、出屋面的管道、女儿墙的阴阳角、天沟等部位应铺设附加层，施工时应均匀涂刮非固化橡胶沥青防水涂料，其厚度不应小于1.5mm厚，并应在涂层内夹铺胎体增强材料或在涂层表面粘贴无碱玻纤布材料进行增强处理。阴阳角、平面与立面的转角处应抹成圆弧，圆弧半径宜为150mm。② 地下工程的管根、阴阳角、后浇带、施工缝、变形缝等部位，应先施工非固化橡胶沥青防水涂料夹铺胎体增强材料的附加层，附加层的厚度不应小于1.5mm。

13）先弹第一条定位线，第二条与第一条定位线之间的距离为卷材的宽度，之后每一条基准线与前一条基准线之间的距离应按预留不小于规定的搭接宽度进行定位；将防水卷材摊开并调整对齐，以保证防水卷材铺贴平直，长边搭接边宽度可靠。

14）非固化橡胶沥青防水涂料的包装运输一般采用桶装形式，使用时首先需要对桶内的涂料加热。其方法有二：① 将非固化橡胶沥青防水涂料放入脱桶机里，脱桶机的温度可以根据现场温度进行调节，在脱桶机里加热2~3min，看到桶壁周围非固化橡胶沥青防水涂料溢出时即可脱桶，把涂料倒进大型熔料机内加热，即可进行涂料施工。此方式适用于大型工地；② 使用手动化料器在桶内直接加热，然后进行涂料施工，此方式适用于小型工地。

15）非固化橡胶沥青防水涂料的施工工艺有两种，刮涂法施工工艺和喷涂法施工工艺。应根据施工现场的具体情况及设计要求选择施工工艺：

（1）刮涂法施工工艺主要适用于地下底板、屋面等便于刮涂的部位及节点部位等小面积防水工程。其施工工艺如下：将涂料放入专用设备中进行加热后，把经加热熔融的涂料注入施工桶中，在平面施工时，将涂料倒在基层上，用齿状刮板刮涂均匀，满刮不露底，涂层的厚度应符合设计要求。刮涂时应一次形成规定的厚度，每次刮涂的宽度应比粘铺的卷材或保护隔离材料宽100mm。

（2）喷涂法施工工艺主要适用于不便于涂抹法工艺施工的部位及大面积防水施工。其施工工艺如下：① 涂料加热达到预定温度后，启动专用喷涂设备。首先检查喷枪、喷嘴的运行是否正常，开启喷枪进行试喷涂，在达到正常状态后，然后进行大面积喷涂施工；② 调整好喷嘴与基面的距离、角度及喷涂设备压力，以求达到喷涂后的涂层表面平整、不露底且涂层厚薄均匀，每一喷涂作业面的幅度应大于防水卷材或保护隔离材料的宽度100mm；③ 施工时应根据设计厚度进行多遍喷涂，每遍喷涂时应交替改变喷涂方向，同层涂膜的先后搭压宽度宜为30～50mm。

16）非固化橡胶沥青防水涂料涂层施工后，应及时检查其涂层的厚度是否达到设计要求。

17）非固化橡胶沥青防水涂料复合防水层其防水卷材可直接铺贴于已施工完成的防水涂料表面，即每一幅宽的涂层完成后，随即铺贴卷材，粘铺的卷材应顺直、平整、无折皱，卷材的搭接宽度不应小于100mm。搭接部位一般可采用冷粘形式，在搭接缝处将2mm厚的非固化橡胶沥青防水涂料刮涂或喷涂于卷材宽度范围内，无需表干时间，可直接将另一半卷材搭接上，并用压辊滚压即可。应根据施工的气温和非固化橡胶沥青防水涂料与复合用防水卷材的特点，选择防水卷材铺设的时间和铺贴的方法。

（1）自粘改性沥青防水卷材的搭接缝采用冷粘法施工，施工时，应将搭接部位自粘卷材的隔离膜撕去，即可直接粘合，并用压辊滚压粘牢封严；

（2）高聚物改性沥青防水卷材的搭接缝宜采用热熔法施工，施工时，应用加热器加热卷材搭接部位的上下层卷材，待卷材开始熔融之时，即可粘合搭接缝，并使接缝边缘溢出热熔的沥青胶；

（3）合成高分子防水卷材的搭接缝可采用热风焊机或手持热风焊枪将卷材的搭接缝熔融，随即滚压粘牢封严；

（4）聚乙烯丙纶防水卷材的搭接缝宜刮涂非固化橡胶沥青防水涂料进行粘合，并封闭严密。

18）地下防水工程宜采用复合防水构造，地下工程混凝土结构外墙防水层的铺设可采用外墙外贴法或外墙内贴法的施工工艺。复合防水层的施工方法与6.1.2节15）、16）、17）基本相同，但立墙施工时宜采用喷涂法工艺施工涂料防水层并应及时粘贴防水卷材，使其形成整体的复合防水层，必要时还应采取防止卷材下滑的固定防水卷材的措施。

19）当进行注浆堵漏施工时，可根据工程渗漏的具体情况，制定注浆堵漏方案，注浆孔也可以穿透结构主体，在结构主体外表面形成一道新的防水层。

20）防水层施工结束后，经自检无质量问题后，按照规定要求进行雨后观察、淋水或蓄水试验。无渗漏为合格。

21）防水层完工后，应采取成品保护措施，不得在防水层上凿孔、打洞，避免被利器划伤、重物撞击。

22）在屋面防水层质量验收合格后，应及时进行保护层施工，按照设计要求作相应的细石混凝土、块体材料或水泥砂浆保护层。保护层与复合防水层之间应设置塑料膜、土工布等材料作隔离层。复合防水层施工完毕，经质量验收合格后，应及时按照设计要求施工保护层，底板防水层上的细石混凝土保护层厚度不应小于50mm，外墙采用外防外贴法施工复合防水层时，防水层外表面的保护层宜采用挤塑聚苯乙烯砖墙进行保护，外墙保护层完工后，应及时分层回填灰土并分层夯实。

6.2

非固化橡胶沥青防水涂料防水层的施工设备

　　沥青材料在常温环境条件下呈固态或半固态，经加温方可变为液态。非固化橡胶沥青防水涂料防水层的施工过程，就是将非固化橡胶沥青防水涂料，采用热熔设备加热使之液态后，采用喷涂或刮涂施工工艺均匀地涂覆于建筑物的表层形成涂膜防水层，或趁高温的液态沥青材料具有较强黏性时，采用滚铺法工艺铺贴防水卷材，使两者牢固地粘接在一起，从而形成复合防水层，或将高温的液态沥青材料用作注浆材料，采用灌浆机将其注入裂缝封堵之，从而达到有效的防水和堵漏的目的。由上可见，非固化橡胶沥青防水涂料防水层施工所使用的设备主要可归纳为以下几个部分：非固化橡胶沥青防水涂料热熔设备、非固化橡胶沥青防水涂料喷涂和灌浆设备以及防水卷材铺贴设备。

6.2.1　非固化橡胶沥青防水涂料热熔设备

　　非固化橡胶沥青防水涂料的热熔设备类型见图 6-2。

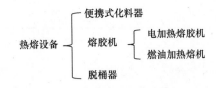

图 6-2　非固化橡胶沥青防水涂料热熔设备

6.2.1.1　便携式化料器

1. RD-20 手动化料器

　　RD-20 手动化料器，是一种简易型熔胶设备，结构紧凑、操作方便，可在料筒内直接熔胶，无需脱料桶，内设智能料温控制系统，料温可根据需要自主调节，使用安全可靠。适用于 100m² 防水面施工小型工地。设备的主要技术参数见表 6-1；设备的组成参见图 6-3；设备的加热装置原理参见图 6-4；操作面板参见图 6-5。

表 6-1　RD-20 手动化料器的主要技术参数

产品型号	RD-20
设备总功率	5kW
电压	380V/220V
加热方式	电加热
设备尺寸	长（L）320mm，宽（W）260mm，高（H）650mm
设备总质量	10kg
加热系统	
热功率	5kW
加热器	铸铝加热压盘（内部预埋发热管）

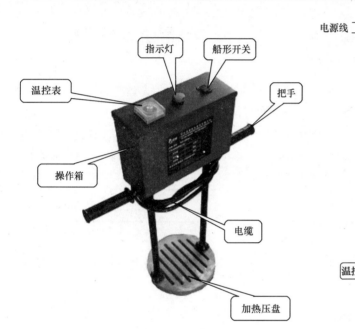

图 6-3　RD-20 手动化料器

图 6-4　RD-20 手动化料器的加热装置原理

图 6-5　RD-20 手动化料器的操作面板

1）RD-20 手动化料器的操作要点

RD-20 手动化料器的操作要点如下：

（1）开机准备

① RD-20 手动化料器在使用前，操作人员必须穿戴好防护及工作帽后再进行作业，注意人身安全。

② 作业地点应该通风良好。电源线完好无损，电源线上不得堆放物品或被踩、压等。

③ 接通电源前要仔细检查确认加热盘各紧固件紧固牢靠。

④ 确认以上各流程后，按照设备正面说明书正确接通电源。

（2）温度设定

调整温控器面板"▲""▼"按键，升高或降低设定温度。注意：设定温度禁止高于 260℃，建议在 180℃～220℃之间。

（3）加热熔胶

将热熔料桶放到开阔处，地面平整，料筒放置平稳无晃动。打开料筒盖，将接通好电源的加热盘放

入热熔料桶内，按下启动开关，

开启加热，绿色指示灯亮。注意，本操作前佩戴护目镜、手套、防护服和防护口罩，防止液态、气态热料飞溅伤人。加热过程中双手需握紧加热盘扶手，防止歪斜、倾倒。将加热压盘压入热熔料，将加热盘上下移动，使热熔料均匀受热，增加加热盘加热效率，使热熔料加速融化。

（4）换桶

关闭电源，从桶内拿出加热盘，待加热盘不往下流淌热熔料时，放入待化料桶内，重复加热熔胶操作。

（5）关机

待料桶内热熔料均匀加热到规定温度，确保完全处于融化状态，符合刮涂或喷涂要求后，按下关机按钮，切断电源。将加热盘从料筒内取出，放置平稳，待加热压盘冷却后清洁压盘，整齐放置。

（6）故障分析与排除

故障分析与排除见表 6-2。

表 6-2　RD-20 手动化料器的故障分析与排除

序号	故障现象	原因分析	解决办法
1	不能正常开机	主机电源线接错	正确接好电源线
2	加热盘不加热	加热压盘内加热管电线短路	接通加热管线或更换加热压盘

2）维护与保养

为了保证 RD-20 手动化料器能够长期稳定地工作，最大限度地发挥机器的效能，在日常使用及检修中应注意以下几点：

（1）保持手动加热盘的清洁，经常用溶剂清洁杂质和粉尘。

（2）各零部件连接处的螺栓不能有松动现象，如有松动，应及时拧紧。

（3）机器上不要放置杂物，避免运动时发生跌落，损伤机器部件。

（4）在进行保养维修手动化料器工作之前，必须先把热熔胶机械上的电源及连接外界的总电源切断，不得带电操作；检修时，装、拆零部件不得直接用铁锤敲打，防止零部件受损。

（5）对易损件要定期更换。

（6）如果设备长期不使用，应放置在平地上，不要露天放置，并注意防雨防水防潮，给设备套上防尘罩。

3）生产单位

中山晶诚机电设备有限公司

2. W-605 便携式熔化器

W-605 便携式熔化器见图 6-6。产品特征如下：①机器轻便，便于使用；②奥氏体 304 不锈钢加热管经久耐用；③通电即热，电能无损耗；④操作简单方便。其产品技术参数见表 6-3。产品可用于卫生间、地下室、水池、小面积工地、旧房改造等工程刮涂施工。

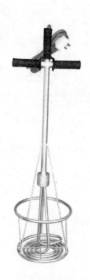

图 6-6　W-605 便携式熔化器

表 6-3　W-605 便携式熔化器的技术参数

工作电压	总功率	电压频率	总质量	熔料时间	产品尺寸
220V	3kW	50Hz	2.5kg	20min	高：900mm，直径：26mm

1）使用要点

（1）将熔化器电源正确连接在 32A2P 漏电保护器上。

（2）通电即热，轻放入材料桶内。

（3）待熔化到施工标准，小心提出熔化器的使用材料。

2）产品使用注意事项

（1）施工前请戴好手套、穿好防护服，以免产品接触眼睛和皮肤。

（2）施工时小心操作，以免烫伤。

（3）熔化器连接电源必须配有漏电保护器。

（4）使用时轻拿轻放。

（5）长时间不使用应关闭电源，避免电能浪费和影响使用寿命。

3）生产单位

天津万合鸿源科技有限公司

3. 便携式非固化电加热器

便携式非固化电加热器，用于桶装非固化橡胶沥青防水涂料的加热。产品的特点如下：①使用耐高温硅橡胶电缆，可减少电缆的老化对电加热器造成的损坏；②硅橡胶电缆出操作杆部位，采用锥形橡胶塞挤压固定，避免非正常使用时，电缆过度扭转引起的内部接线故障；③硅橡胶电缆与操作杆连接处附加了缓冲皮套，避免了硅橡胶电缆端头的弯折疲劳破坏（尤其是北方严寒地区，低温会造成电缆变硬，更容易损坏）；④非固化电加热器选用了带漏电保护插头，安全有保障，使用更放心；⑤底部电热管采用特殊形状，增加散热面积，使得非固化加热均匀，加热后桶内无残留；⑥若辅以外支架，可一人值守多支电加热器，提高了工作效率。

1）产品规格

（1）产品分 2.4kW 及 3.5kW 两种规格，分别适用于维修工程及大型工地使用。

（2）底部直径为 26cm，适用于大多数包装桶。

（3）加热时间：2.4kW 加热至可涂刮约 20min，可喷涂约 30min；3.5kW 加热至可涂刮约 15min，可喷涂约 20min。

（4）非固化电加热器均自带分体式漏电保护插头，在插头上可直接完成通电和断电功能。

2）使用范围及要求

（1）仅用于桶装非固化橡胶沥青防水涂料加热。

（2）非固化电加热器自带的漏电保护插头，可实现通电和断电功能，使用时可减少插头插拔次数，延长使用寿命。

（3）上部长杆为非热源段，但由于下部热量的传递，会有一定温度，应尽量避免触碰或把握，应手握橡胶把手进行操作。

（4）在多支同时使用时，一定要先确认电源有足够功率；不能确认时，可逐支增加，发现有跳闸或电源线发热的情形，应立刻减少使用数量。

（5）电加热管虽采用耐干烧的电阻丝，但长时间干烧也会影响其寿命，在连续换桶加热时应尽量减少中间暴露在空气中的停留时间，如确需长时间暴露停留，应暂时关闭电源或拔掉插头。

（6）该电加热器仅限于加热非固化橡胶沥青防水涂料，严禁用于加热水、油等其他介质。

3）生产单位

海南天衣康泰防水科技有限公司

4. 易施特喷涂机配套用热熔器

该设备由热熔器（见图6-7）及支撑架（见图6-8）组成。适用于非固化橡胶沥青防水涂料等沥青

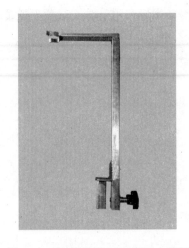

图 6-7　易施特喷涂机配套用热熔器　　　图 6-8　易施特喷涂机配套用支撑架

基热熔涂料的热熔。可用于卫生间、地下室、水池、旧房改造等小面积部位的防水施工，也可多个热熔器配套于便携式非固化防水涂料喷涂机进行大面积的防水施工。此热熔器可分为开关式热熔器（见图6-9）和调温式热熔器（见图6-10）。产品的技术参数见表6-4。

图 6-9　开关式热熔器

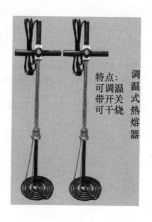

图 6-10　调温式热熔器

表 6-4　易施特喷涂机配套用热熔器的主要技术参数

工作电压	220V	总质量	3.5kg
总功率	3kW	熔料时间	15～20min
电压频率	50Hz	产品尺寸	高970mm，直径25mm

1）热熔器的操作要点

热熔器的操作要点如下：

（1）将料桶盖子打开，然后将支撑架衬口卡在料桶桶壁上，用固定螺检右旋拧紧即可。

（2）把热熔器放在料桶内，将热熔器立管管身卡入支撑架弹簧缺口处，参见图6-8。

（3）打开热熔器电源，随着温度升高热熔器自然下落，直到桶底。

（4）一桶加热完毕，将支撑架卸下固定在另需加热的料桶上，依次循环。

2）使用注意事项

（1）施工前请戴好手套、穿好防护服，以免产品接触眼睛和皮肤。

（2）施工时小心操作，以免烫伤。

（3）使用时轻拿轻放。

（4）长时间不使用应关闭电源，避免电能浪费和影响使用寿命。

3）生产单位

张家港市福明防水防腐材料有限公司

6.2.1.2　脱桶器（机）

W-606脱桶机见图6-11，其产品技术参数见表6-5。产品特征如下：①脱桶时间快，使用方便；②机器轻便，便于运输、施工；③奥氏体304不锈钢加热管经久耐用；④内层保温，节省电能。其产品可用于桶装非固化脱桶、聚氨酯涂料加热使用。

图 6-11　W-606 脱桶机

表 6-5　W-606 脱桶机的产品技术参数

工作电压	总功率	电压频率	总质量	脱桶时间	产品尺寸（mm×mm×mm）
380V	5kW	50Hz	25kg	40～60s	420×420×420

1）使用要点

（1）将脱桶机电源正确连接在三相 32A 漏电保护器上。

（2）通电预热 2～3min 即可工作，将材料桶轻放到脱桶机内。

（3）40～60s 即可达到脱桶状态（材料与桶壁分离，脱桶时间视各材料厂家黏稠情况确定）。

（4）提桶使用，再放入下一桶。

2）产品使用注意事项：

（1）施工前请戴好手套、穿好防护服，以免产品接触眼睛和皮肤；

（2）脱桶机连接电源必须配有漏电保持器；

（3）放入非固化材料时要轻拿轻放；

（4）长时间不使用应关闭电源，避免电能浪费和影响使用寿命；

（5）脱桶机外壳应可靠接地。

3）生产单位

天津万合鸿源科技有限公司

6.2.1.3　熔胶机

1. RY150 熔胶机

RY-150 溶胶机采用进口燃烧器，通过导热油均匀快速地加热料桶，与内部加热盘管同步加热非固化材料，料桶内部具有搅拌功能，能快速化开软化不彻底的料块，外部缠绕保温棉，防止热量流失，大幅度提高了升温效率，缩短了施工过程中的准备时间，适用于各种屋面、地铁、高铁、写字楼、地下室、地下车库等工程的喷涂施工。

该设备具有熔胶机及喷涂机可自由组合；操作简单，一键启动；移动方便，可人工推行；可连续喷涂，不间断工作；施工半径大，可达 37m；扬程高，最高可达 20m；专业定制非固化专用泵，使用寿命长；设备多重保护，防止因误操作引起设备损坏等优点。

设备的主要技术参数见表 6-6；设备的组成参见图 6-12；设备的操作面板按钮功能参见图 6-13。

表 6-6　RY150 熔胶机的技术参数

产品型号	JCM-RY150
整车尺寸	1150mm×1080mm×1320mm（长×宽×高）
整机重量	270kg
使用环境	−30℃～+60℃
适用范围	可用于各种屋面、地铁、高铁、写字楼、地下室、地下车库等工程喷涂施工
适用施工面积	1000m² 以上
料桶容积	容量：8 桶
导热油箱容积	—
加热及温度控制系统	
加热方式	燃油
能源	柴油 0♯（−10℃请加−10♯柴油）
燃烧器	RIELLO 40 G5
功率	0.13kW
柴油箱容积	20L
电源	AC220V～6A
加热温度	230℃
预设定料温	190℃
加热时间	约 4min/桶
配件	
配备热熔管	10m
工具箱	活动扳手×1＋内六角扳手×1＋一字螺丝刀×1＋十字螺丝刀×1＋6 个喷嘴＋生料带等
选配	加长热熔管、防护服、背带等

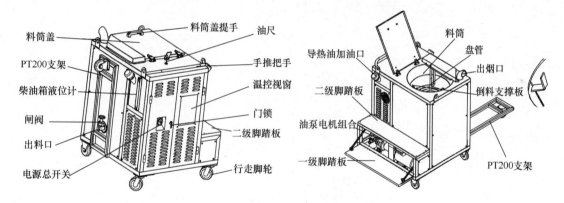

图 6-12　RY150 熔胶机的设备组成

1）RY150 熔胶机的操作要点

RY150 熔胶机的操作要点如下：

（1）工作前的准备工作：

① 在使用设备前，先检查油尺油位及柴油箱液位；液位较低应加导热油、柴油。

② 施工前请检查电控箱内断路器开关打开，通电后检查相序是否正确。

③ 检查管路密封状况。

④ 设备使用时应先预热。

（2）设备操作要点如下：

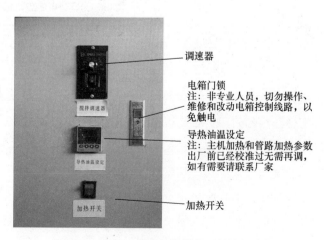

图 6-13　RY150 熔胶机的操作面板按钮功能

159

① 操作前应该熟读《使用手册》注意事项。

② 连接安全合适的电源。

③ 放下喷涂机支架，通过出料口于喷涂机快速接头连接。

④ 松开闸阀。

⑤ 依次打开电源总开关、门锁、加热开关。

⑥ 等待料桶预热完毕。

⑦ 解开快速扣，放下一级脚踏板，检查脚踏板是否牢固。

⑧ 打开料桶盖，将非固化盛放容器壁挂靠在倒料支撑板上，缓缓倒入非固化材料。

⑨ 完成后盖上料桶盖。

⑩ 等到料温达到设定温度，即可操作喷涂机。

（3）工作完成后的注意事项：

① 依次关掉操作面板上的电源和总电源。

② 检查各运动部位润滑油、导热油、柴油的状态，及时添加或更换。

③ 施工完成后，必须将残留在箱内的拌合料及时清出，禁止将拌合料长时间置放于料箱，否则余料冷却凝结成块后，将卡死出料口，无法出料。

④ 按"设备存放注意事项"保存 。

（4）设备存放时应注意事项：

① 将箱内的余料清出；将设备放置在平地上。

② 不要露天放置，并注意防雨防水防潮。

③ 将料桶内的非固化材料排尽。

④ 给设备套上防尘罩。

⑤ 定期保养与维护。

（5）故障分析与排除：

RY150 熔胶机的故障分析与排除参见表 6-7。

表 6-7　RY150 熔胶机的故障分析与排除

序号	故障现象	原因分析	解决办法
1	搅拌电机不转	预设温度没到	等待升温到预设温度
		调速器开关未开	打开调速器开关
		电位器旋钮旋转不到位	电位器旋钮正时针旋转到位
2	跳闸	电路出现短路	检查线路
		空气开关功率过低	更换大功率空气开关
3	温控表不亮	电源未接通	检查插头与电源
4	温度不上升	温控器温度设置异常	重设温控器
5	燃烧器不工作及工作不正常	柴油阀门未打开	打开柴油阀
		燃烧器接线松动	检查线路并把线接好
		柴油过滤器堵塞	清理柴油过滤器
		燃烧器喷嘴堵塞	清理燃烧器喷嘴
		燃烧器电眼灰尘过大	清理灰尘
6	其他	其他	咨询专业人员

2）安全操作注意事项

RY150 熔胶机的安全操作注意事项如下：

（1）上岗前必须经过培训，掌握设备的操作要领后方可上岗。

（2）严格按照设备的安全操作规程进行操作。

（3）操作前要对机械设备进行安全检查，在确定正常后，方可投入使用。

（4）工作时请穿好工作服、安全鞋，戴好工作帽及防护镜，严禁不戴手套操作设备。

（5）禁止触碰该设备各发热、带电及转动部位，以防身体受伤。

（6）施工时禁止出料口、喷枪对人或其他非施工对象。

（7）出烟口应朝空阔空间排气，禁止站人。

（8）添加柴油时禁止吸烟。

（9）除加料时间外，顶部料门全时关闭。

（10）除连接喷涂机前，其余时间关紧闸阀（逆时针开启，顺时针关闭）。

（11）倒料前非固化必须完整软化，不得有固块倒入料桶。

（12）机器使用时，导热油温度不得超过 230℃。

（13）物料温度在未升至 180℃ 或没有达到喷涂标准，禁止启动喷涂。

（14）不要移动或损坏安装在设备上的警告标牌。

（15）不要在设备周围放置障碍物，工作空间应足够大。

（16）倒料工作需要俩人或多人共同在场，应注意相互间的协调一致。

（17）施工时注意导热油箱液位，当液位较低时应及时添加导热油。

（18）调整温控器温度时，需先联系我司售后服务部门。

（19）非专业人员，切勿操作、维修和改动电箱控制线路，以免触电。

（20）设备运转中，操作者不得离开岗位，设备发现异常现象立即停机。

（21）严格遵守岗位责任制，设备由专人使用，未经同意不得擅自使用。

（22）禁止进行尝试性操作。

（23）注意尽量不要让设备淋雨，要注意防雨防水防潮。

（24）设备若数天不使用，应按本手册"设备存放注意事项"操作。

3）生产单位：

中山晶诚机电设备有限公司

2．W-601 熔胶机

W-601 熔胶机见图 6-14，其产品技术参数参见表 6-8。

表 6-8　W-601 熔胶机的产品技术参数

工作电源	总功率	电压频率	总质量	最大容量	熔料时间	产品尺寸（mm）
380V	3kW	50Hz	480kg	400kg	380kg/h	1500×1300×1000

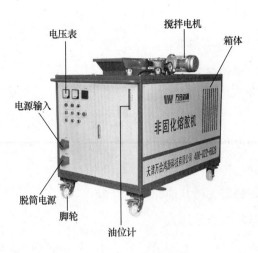

图 6-14　W-601 熔胶机

产品特征如下：①一次性加热 380kg 材料仅需 1h 左右；②主要部件带有指示灯，如有故障一目了然；③所有电动部分均有保护功能，防止误操作损坏设备；④电气部分均选用国内、国际知名品牌，保证设备经久耐用；⑤可采用电加热和柴油加热两种加热方式（电加热需订制）；⑥使用时无明火，管路不产生碳化层；⑦总功率小于 10kW，对施工现场适用性强。

适用范围：产品可用于各种屋面、地铁、高铁、写字楼、地下室、地下车库等工程刮涂施工，也可配合喷涂机使用。

1）使用要点

W-601 熔胶机的使用要点如下：

（1）在初次使用前请加注相应规格、数量导热油。型号：320 号，设备总质量：45kg 左右。再次使用前请查看导热油油量是否符合机器标准。加油量为打开油箱盖在刻位计下端取两杠之间位置。

（2）请加注优质柴油。柴油质量会直接影响柴油燃烧机使用寿命，柴油型号请根据施工当地天气温度来选择。

（3）将航空插头插入机器前侧电源输入，另端连接三相四线 60A 漏电保护器。脱桶机插头插入脱桶电源处。检查断相与相序保护器工作指示灯是否亮起如不亮请把输入电源线中两根火线调换接线位置即可。

（4）确认以上各项工作无问题后，机器将进入操作状态：①按下导热油循环启动；②转动温度开关；③转动点火开关（转动点火开关 10s 左右燃烧机点或工作），再打开脱桶机电源。

（5）将导热油智能温控温度调整到合适温度（最高不能超过 230℃），温度过高会出现易燃易爆危险。

（6）当导热油温度升至 150℃时，将脱好桶的非固化材料投入熔化机。

（7）再倒入 3 桶以上材料后，按下机器前方控制面板搅拌启动开关，通过动力搅拌，可快速熔化材料（根据材料熔化情况开启搅拌功能）。

（8）通过观察物料箱内材料熔化情况。如达到施工标准，即可通过材料出口放料施工（材料温度大概在 180℃左右）。

（9）如遇到紧急情况及时按下急停按钮。

2）产品使用注意事项如下：

（1）施工前请检查机器各部件是否有螺丝松动现象，避免安全隐患。

（2）施工前请戴好手套、穿好防护服，以免接触眼睛和皮肤。

（3）施工前请检查电控箱内断路器开关打开，通电后检相序是否正确（错误时无法启动热循环泵）。

（4）雨天禁止施工。施工时严禁导热油箱、烟道与物料箱进水，以免水遇高温飞溅伤人。

（5）施工人员严禁靠近烟道，以免烫伤。

（6）机器使用时，导热油温度不得超过230℃。

（7）禁止异物进入物料箱，以免堵塞机器使用。

（8）机器长时间不用应储放在干燥、通风地方。

3）生产单位

天津万合鸿源科技有限公司

6.2.2 非固化橡胶沥青防水涂料喷涂和灌浆设备

1. PT-200喷涂机

JCM-PT200喷涂机，是一种新型喷涂设备，用于非固化橡胶沥青防水涂料的喷涂。本机采用PLC控制，操作简单，性能可靠。整机采用不锈钢材料制作结实耐用，适用于2000m²防水面施工中大型工地。其主要技术参数参见表6-9；设备组成见图6-15；操作面板见图6-16。

表6-9　PT-200喷涂机的主要技术参数

产品型号	JCM-PT200
设备总功率	7.5kW
电压	380V
加热方式	电加热
设备尺寸	长（L）700mm，宽（W）600mm，高（H）1080mm
料箱容积	18 L
设备总重量	65kg
加热系统	
热功率	4.5kW
加热器	云母发热片
热熔釜结构	
料筒内层	采用多层过滤结构减少枪嘴堵塞
加热层	加热层与溶缸紧密贴合使溶缸升温更快
缠绕保温层	保温面条加铝箔粘胶纸缠绕保温良好

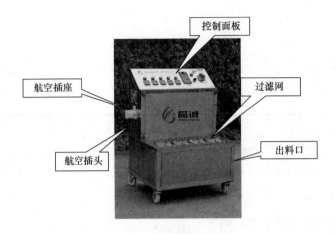

图 6-15　PT-200 喷涂机的设备组成

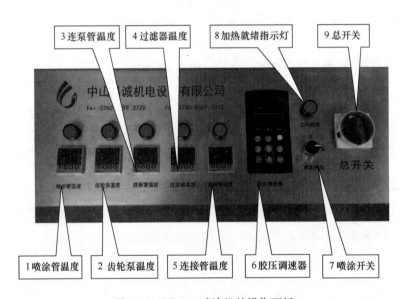

图 6-16　PT-200 喷涂机的操作面板

1—喷涂管温度：指示当前喷涂管路温度；2—齿轮泵温度：指示当前齿轮泵温度；3—连泵管温度：指示当前连接泵
发热软管温度；4—过滤器温度：指示当前过滤器温度（同时也是溶缸温度）；5—连接管温度：指示当前入料温度；
6—胶压调速器：调节齿轮泵电机转速；7—喷涂开关：喷涂开关；8—加热就绪指示灯：加热就绪指示灯亮表示可以
喷涂；9—总开关：电源总开关

1）PT-200 喷涂机的操作

PT-200 喷涂机的操作要点如下：

（1）开机准备

① 喷涂机在使用前必须将喷涂机放置与熔胶机的连接架上确保平稳、牢靠并将快速连接管接好。
人员在作业过程中必须注意人身安全，必须穿戴好个人防护用品后才能进行作业。

② 作业地应该通风良好。电源线完好无损，电源线上不得堆放物品或被踩、压等。

③ 接通电源前要仔细检查确认喷涂机各紧固件紧固牢靠，检查确认各管路接头连接牢靠。

④ 管路连接请看机箱外铭牌上有详细说明，见图 6-17。

（2）加料

PT-200 进料由熔胶机供给（料由进料管进入喷涂机）。将熔胶机的料桶盖打开到最大角度由限位板固定牢靠，再将融化的料倒入熔釜内。注意在操作前必须佩带护目镜、手套、防护服和防护口罩，防止倾倒热料时，热料飞溅伤人。

（3）开机

电源接通后打开总开关，所有温控器自动复位。此时熔胶机的熔釜、PT-200 的管路过滤器开始同步加热。当加热至预设参数值时加热就绪灯亮，此时方可打开喷涂开关喷涂。注：喷枪操作必须先打开喷枪球阀再打开喷枪上的喷涂开关，参见图 6-18。

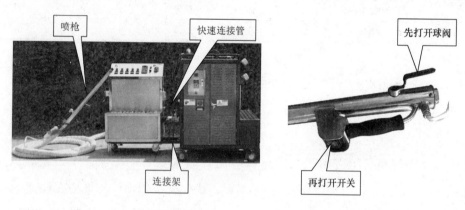

图 6-17　管路的连接　　　　　图 6-18　喷枪操作的顺序

（4）关机

① 作业完成后需要关机。首先将熔胶机和 PT-200 喷涂机内的余料排空装好到事先准备好的空桶内，防止在下次使用时花费更多的时间加热熔釜内余料。

② 切断电源，拆下喷枪、发热软管、滤网和喷枪嘴，其中滤网喷枪嘴需要浸泡于柴油中清洗，方便下次使用，再将 PT-200 从连接架上拆下。

③ 将部件拆除后，主机放置在空旷阴凉处静止散热至常温后方可收纳。

2）故障分析与排排除

PT-200 喷涂机的故障分析与排，除见表 6-10。

表 6-10　PT-200 喷涂机的故障分析与排除

序号	故障现象	原因分析	解决办法
1	设备电源未被正常接通	空气漏电保护开关未打开	打开空气漏电保护开关
		相序未接对	打开电箱看相序保护开关是否亮红灯，如果亮红灯将三相电源中的两根活接对调（亮绿灯正常）
		总电源开关断路	打开总电源开关或者更换开关
2	跳闸	电路出现短路	检查线路
		漏电	检查元件是否损坏及设备是否接通地线
		电源接错	检查火线零线是否接同一空开

序号	故障现象	原因分析	解决办法
3	不出料或出料少	预设温度没到	等待升温到预设温度
		管路堵塞电机自我保护	关闭电源1min待电路复位
		喷枪上阀门没打开	打开阀门
		喷枪喷涂开关没打开	打开喷涂开关
		料温过低	适当增加温度
		进料口堵塞	清除堵塞物
		连接管处闸阀未打开	打开闸阀
4	密封漏料	密封圈磨损	适量拧紧螺母，或更换密封圈
		接头未拧紧	适当拧紧接头螺母
5	其他	其他	联系厂家售后

3）生产单位

中山晶诚机电设备有限公司

2. PT-50 喷涂机

JCM-PT50 小型喷涂机，可应用于非固化橡胶沥青防水涂料的喷涂。本设备在成熟产品 JCM-PT200 喷涂机基础上研发的一种新型喷涂设备，其重新优化升级创新，使设备在性能、操作性等方面都有了新的提升。本机采用了全铝溶缸、进料过滤、电机自保护电路，大幅度提高了熔缸的升温效率，缩短了施工过程中的准备时间，在 JCM-PT200 基础上缩小了整机体积和质量，适用于大型设备无法到达的施工场所。整体结构布局结实可靠，移动轻便，适用于 2000m² 左右防水施工面积的中大型工地。其主要技术参数参见表6-11；设备组成见图6-19；操作面板见图6-20。

表 6-11　PT-50 喷涂机的主要技术参数

产品型号	JCM-PT50
设备总功率	6.5kW
电压	220V
加热方式	电加热
设备尺寸	长（L）650mm，宽（W）450mm，高（H）770mm
料箱容积	50L
设备总重量	65kg
加热系统	
热功率	5.4kW
加热器	发热管
热熔釜结构	
料筒内层	采用6061铝合金焊接而成，内部采用散热片式设计能使热量更高效的传递
加热层	加热层与溶缸一体减少了中间热量流失
缠绕保温层	保温面条加铝箔粘胶纸缠绕保温良好

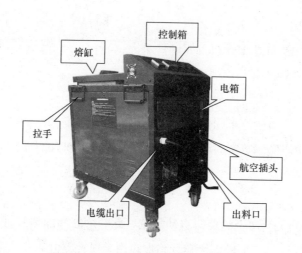

图 6-19　PT-50 喷涂机的设备组成

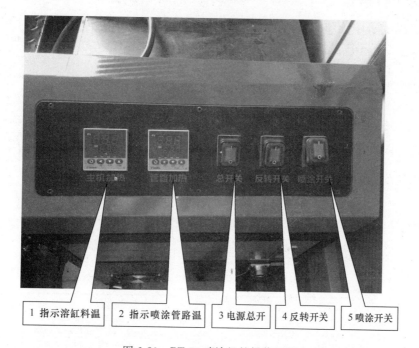

图 6-20　PT-50 喷涂机的操作面板

温馨提示：主机加热和管路加热的控温参数出厂前已进行精确设置，无需用户自行调整，如有需要请联系厂家。

1—主机加热：指示当前溶缸内部料温度；2—管路加热：指示当前管路内部温度；3—总开关：整机电源开关控制整机电源；4—反转开关：控制电机反转（在堵料的情况下使用）；5—喷涂开关：控制喷枪喷涂（此开关为备用开关，正常不用）

1）开机操作

PT-50 喷涂机的操作要点如下：

（1）开机准备

① 喷涂机在使用前必须将熔胶机放置平稳、牢靠，操作人员在作业过程中必须注意人身安全，必须穿戴好个人防护用品后才能进行作业。

② 作业地应该通风良好。电源线完好无损，电源线上不得堆放物品或被踩、压等。

③ 接通电源前要仔细检查确认喷涂机各紧固件紧固牢靠，检查确认各管路接头连接牢靠。

④ 管路连接请看机箱外铭牌上有详细说明。

（2）加料

打开料桶盖到最大角度，由限位板固定牢固，将融化的料倒入熔缸内。本操作前佩戴护目镜、手套、防护服和防护口罩，防止倾倒热料时液态热料飞溅伤人。若双人同操作，注意安全，保证协同，避免发生危险。

（3）开机

① 电源接通后打开总开关，两个温控器自动复位，此时溶缸和加热软管开始加热，打开溶缸料盖，加热事先已经融化好的沥青料，待主机加热和管路加热两个温控器升到指定温度，再打开喷枪球阀，按下喷枪上的喷涂按钮方可喷涂。

② 喷涂前必须先打开喷枪球阀再按下喷涂按钮（操作流程错误会导致电机自我保护停转或者喷枪积压，对设备有极大的损害，喷枪的操作参见图 6-18）。

（4）关机

① 作业完成后需要关机首先将溶缸内预料排空装好在事先准备好的空桶内，防止在下次使用时花费更多的时间加热桶内余料。

② 切断电源，拆下喷枪、发热软管、滤网和喷枪嘴，其中滤网喷枪嘴需要浸泡于柴油中清洗方便下次使用。

③ 将部件拆除后，主机放置在空旷阴凉处静止散热至常温后方可收纳。

2）故障分析与排除

PT-50 喷涂机的故障分析与排除见表 6-12。

表 6-12　PT-50 喷涂机的故障分析与排除

序号	故障现象	原因分析	解决办法
1	设备电源未被正常接通	空气漏电保护开关未打开	打开空气漏电保护开关
		欠压保护器自检未完成	接通电源等待 30s 左右完成自检
		欠过压保护（保护器亮红灯），电网电压不稳	更换更粗的电缆及更大电流的配电箱
		过压保护（保护器亮红灯）	检查是否错误地接入了 380V 电源
		总电源开关断路	打开总电源开关或者更换开关
2	跳闸	电路出现短路	检查线路
		漏电	检查元件是否损坏及设备是否接通地线
		电源接错	检查火线零线是否接同一空开
3	不出料或出料少	预设温度没到	等待升温到预设温度
		管路堵塞电机自我保护	关闭电源 1min 待电路复位
		喷枪上阀门没打开	打开阀门
		喷枪喷涂开关没打开	打开喷涂开关
		料温过低	适当增加温度
		进料口堵塞	清除堵塞物
4	密封漏料	密封圈磨损	适量拧紧螺母，或更换密封圈
		接头未拧紧	适当拧紧接头螺母
5	其他	其他	联系厂家售后

3）维护与保养

为了保证 JCM-PT50 小型喷涂机长期稳定地工作，最大限度地发挥机器的效能，在日常使用及检修中应注意以下几点：①保持喷涂机的清洁，特别是出料口保持干净，经常用溶剂清洁杂质和粉尘；②有相对运动的零部件之间要保证运动灵活，润滑良好；③各零部件连接处的螺栓不能有松动现象，如有松动，应及时拧紧；④机器上不要放置杂物，避免运动时发生跌落损害机器部件；⑤在进行保养维修小型喷涂机的工作之前，必须先把小型喷涂机上的电源及连接外界的总电源给切断，不得带电操作；检修时，装、拆零部件不得直接用铁锤敲打，防止零部件受损；⑥定期（一个月）对漏电保护开关进行测试；⑦对易损件要定期更换；⑧如果设备长期不使用，设备放置在平地上，将热熔釜内的热熔料排尽，不要露天放置，并注意防雨防水防潮，给设备套上防尘罩。

4）生产单位

中山晶诚机电设备有限公司

3. 易涂施（ERSY-TOOLS）万能喷涂机

产品采用四缸活塞泵头、双料箱。可喷涂非固化、聚氨酯、JS、水泥基渗透结晶等多种材料。每次使用后及时清洗即可喷涂不同材料。

1）产品规格

（1）单相 220V 电源，电机功率 2.2（1.5）kW。

（2）料箱容积 50L。

（3）采用变频技术，流量可调，4～6L/min。

（4）喷涂压力最大可达 10MPa。

（5）料箱及喷浆管自带辅助加热系统，温度可调。

2）产品特点

（1）采用活塞泵头，适应性强，可喷涂非固化、聚氨酯、JS、水泥基渗透结晶等多种材料。

（2）料箱及灌浆管自带加热系统，最高 180℃，可根据材料要求调整，满足不同温度要求。

（3）体积小，装箱尺寸 75cm×50cm×50cm，整机质量 65kg。

3）生产单位

海南大衣康泰防水科技有限公司

4. 易涂施（ERSY-TOOLS）万能灌浆机

产品采用双缸活塞泵头、双料箱，可灌注非固化、双组分环氧、聚氨酯、丙烯酸盐、发泡聚氨酯、超细水泥等多种材料。每次使用后及时清洗即可灌注不同材料。

1）产品规格

（1）单相 220V 电源，电机功率 1.5kW。

（2）料箱容积 20L，可分开添加两种组分材料。

（3）采用变频技术，流量可调，1～3L/min。

（4）高黏度液料灌浆压力最大可达 10MPa，低黏度液料灌浆压力最大可达 20MPa。

（5）料箱及灌浆管自带辅助加热系统，温度可调。

2）产品特点

（1）采用活塞泵头，适应性强，可灌注非固化、双组分环氧、聚氨酯、丙烯酸盐、发泡聚氨酯、超细水泥等多种材料。

（2）料箱及灌浆管自带加热系统，最高 180℃，可根据材料要求调整，满足不同温度要求。

（3）由于采用双泵头、双料箱，更换不同口径的进料口，可将双组分灌浆料直接添加至料箱，实现不同比例双组分材料灌浆，出料端管内正反螺旋混合，混合均匀。

（4）体积小，装箱尺寸 45cm×45cm×45cm，整机质量 45kg。

3）生产单位

海南天衣康泰防水科技有限公司

5. W-501 喷涂机

W-501 喷涂机见图 6-21，可用于各种屋面、地铁、高铁、写字楼、地下室、地下车库等工程喷涂施工。其产品参数见表 6-13。

图 6-21　W-501 喷涂机

表 6-13　W-501 喷涂机的产品参数

工作电源	总功率	电压频率	总质量	最大容量	喷涂速度	产品尺寸（mm×mm×mm）
380V	8.5kW	50Hz	580kg	400kg	490m²/h	1700×1370×1100

1）产品特征

（1）一次性加热 380kg 材料仅需 1h 左右。

（2）主要部件带有指示灯，如有故障一目了然。

（3）所有电动部分均有保护功能，防止误操作损坏设备。

（4）电气部分均选用国内、国际知名品牌，保证设备经久耐用。

（5）可采用电加热和柴油加热两种加热方式（电加热需订制）。

（6）使用时无明火，管路不产生碳化层。

（7）使用高压力泵，喷涂压力大、距离远、均匀。

（8）管路及喷枪自动清空功能。

（9）总功率小于10kW，对施工现场用电适用性强。

2）使用说明

1）在初次使用前请加注相应规格、数量的导热油。型号：320号，设备总质量：50kg左右。再次使用前请查看导热油油量是否符合机器标准。加油量为打开油箱盖在刻位计下端取两杠之间位置。

（2）请加注优质柴油，柴油质量会直接影响柴油燃烧机使用寿命。柴油型号请根据施工当地天气温度来选择。

（3）①将航空插头插入机器前侧电源输入，另端连接三相四线60A漏电保护器；②将喷管电源插头插入喷管电源；③将脱桶机插头插入脱桶电源。

（4）确认以上各项工作无问题后，机器将进入操作状态：①按下导热油循环启动；②转动温度开关；③转动点火开关（如导热油循环泵未转动，请把输入电源线中两根火线调换接线位置即可；转动点火开关10s左右燃烧机点火工作）。

（5）将导热油温度表调整到合适温度（最高不能超过240℃）（温度过高会出现易燃易爆情况）。

（6）当导热油温度升至150℃时，启动脱桶器开关。5min后可达到脱桶温度，将材料桶放入脱桶机内，40~60s可达到脱桶效果，材料与桶壁分离，方可提桶投料使用（实际脱桶时间视各材料厂家材料黏稠度为准）。

（7）在倒入3桶以上材料后，按下机器前方控制面板搅拌启动开关，通过动力搅拌，可快速熔化材料（根据材料熔化情况开启搅拌功能）。

（8）喷涂管路与喷枪温度达到设定值160℃。通过观察孔观察材料熔化情况。如达到喷涂标准（材料180℃以上方可进行喷涂）。

（9）通过观察孔观察材料熔化情况。如达到喷涂标准（材料180°以上），请按如下操作：①打开喷涂阀门，开启喷涂启动，5s后显示屏显示喷涂速度数值（数值为0~50，默认10）；②达到各项温度设定值时。按下喷涂启动。按下喷枪手柄按钮，点击启动开始工作，根据喷涂压力调节流量，施工完毕松开喷枪按钮，喷涂停止。

（10）施工后转动气泵开关，1min后打开上方气管阀门清理管路及喷枪，清理完成后必须关上阀门，保证再次施工顺利进行。

（11）如遇到紧急情况及时按下急停按钮。

（12）常见故障及排除方法见表6-14。

表6-14　W-501喷涂机常见故障及排除方法

问题	原因	处理方法
燃烧机不工作	导热油温控表不亮	检查温控供电时候正常更换
	点火开关未打开	打开点火开关
	控制器坏	更换
	喷油嘴脏	更换清洗

问题	原因	处理方法
非固化喷不出	检查管路温度	升到指定温度
	喷涂泵是否转动	检查开关和确认喷涂启动是否打开
	喷枪开关坏	更换
	管路插头未插	插上
	材料温度低，太稠	升到指定温度
非固化雾化不好	材料温度低 太稠	升到指定温度
	压力小	调节流量
	管路温度不够	升温
	管子有打折现象	更换管子
漏电保护跳闸	打开温度开关跳闸	检查管子泵阀燃烧器供电是否正常
	喷管加热跳闸	更换管子
	电动机跳闸	检查各个电机，确认更换

3）注意事项

（1）施工前请检查机器各部件是否有螺丝松动现象，避免安全隐患。

（2）施工前请戴好手套，穿好防护服，以免接触眼睛和皮肤。

（3）施工前请检查电控箱内断路器开关打开，通电后检查相序是否正确（错误时无法启动热循环泵）。

（4）施工时严禁导热油箱、烟道与物料箱进水，以免水遇高温飞溅伤人。

（5）施工人员严禁靠近烟道，以免烫伤。

（6）雨天禁止施工。

（7）机器使用时，导热油温度不得超过230℃。

（8）禁止异物进入物料箱，以免堵塞机器使用。

（9）物料温度在未升至180℃或没有达到喷涂标准，禁止启动喷涂。

（10）机器长时间不用，应储放在干燥、通风地方。

4）生产单位

天津万合鸿源科技有限公司

6. W-502 喷涂机

W-502 喷涂机见图 6-22，其可用于楼顶、隧道、屋面、地下室、地下车库、游泳池、小面积工地等工程喷涂施工。其产品参数见表 6-15。

1）产品特征

（1）机器轻便，便于运输、施工。

（2）适用于各种小面积施工喷涂使用。

（3）主要部件带有指示灯，如有故障一目了然。

（4）所有电动部分均有保护功能，防止误操作损坏设备。

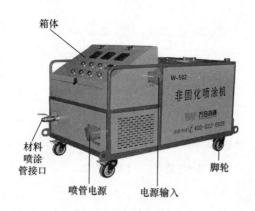

图 6-22　W-502 喷涂机

（5）电气部分均选用国内、国际等品牌，保证设备经久耐用。

（6）机器采用电加热方式。

（7）使用高压力泵，喷涂压力大、距离远、均匀。

表 6-15　W-502 喷涂机的产品参数

工作电源	总功率	电压频率	总质量	最大容量	喷涂速度	产品尺寸（mm×mm×mm）
380V	10kW	50Hz	120kg	100kg	390m²/h	900×700×560

2）使用说明

（1）将喷管插头插入设备正前方的喷管电源，电源插头插入设备右侧的电源输入。

（2）观察配电箱里断相与相序保护器工作灯是否亮起（如果不亮检查三项电是否断相或相序不对三根火线任意调换两项）。

（3）确认以上各项工作无问题后，机器进入使用状态。

（4）将箱体、泵阀、管路开关打开设定好相应温度，箱体180℃、泵阀130℃、管路170℃。

（5）将事先熔化的材料倒入物料箱内，并按下机器面板的搅拌启动。

（6）达到各项温度设定值时，按下喷涂启动。按下喷枪手柄按钮点击启动，开始工作，根据喷涂压力调节流量，施工完毕松开喷枪按钮，喷涂停止。

（7）如遇到紧急情况及时按下急停按钮。

3）注意事项

（1）施工前请检查机器各部件是否有螺丝松动现象，避免安全隐患。

（2）施工前请戴好手套，穿好防护服，以免接触眼睛和皮肤。

（3）施工前请检查电控箱内断路器开关打开，通电后检查相序是否正确（错误时无法启动热循环泵）。

（4）施工时严禁物料箱进水，以免水遇高温飞溅伤人。

（5）雨天禁止施工。

（6）禁止异物进入物料箱，以免堵塞机器使用。

（7）设备长时间不用应储放在干燥、通风地方。

（8）物料温度在未升至180℃或没有达到喷涂标准，禁止启动喷涂。

4）生产单位

天津万合鸿源科技有限公司

7. 防漏电便携式非固化防水涂料喷涂灌胶机

"易施特"防漏电便携式非固化防水涂料喷涂机是经过科研人员多次改良、潜心研发的又一科技成果。它是由底盘架、加热料桶、喷涂加热系统以及喷枪等装置组成见图6-23，通过涂料热熔以及喷涂泵送挤压相结合的原理，达到既快速，雾化又好的喷涂效果。该机的相关技术参数见表6-16。

表6-16　"易施特"防漏电便携式非固化防水涂料喷涂机相关技术参数

工作电源	220V、380V 均可使用
总功率	8.5kW
电压频率	50Hz
总质量	120kg
料桶容量	200kg
喷涂速度	0～500kg/h
产品尺寸	长：1000mm、宽：760mm、高：1400mm

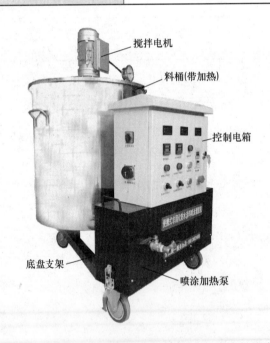

图6-23　"易施特"防漏电便携式非固化防水涂料喷涂机

该机器操作简单，使用便捷，移动方便。它的出现改变了目前市场上非固化喷涂机普遍体型庞大，不易携带且存在安全隐患的问题。对于一些施工面比较大的地下室底板、墙板等位置，可以随时挪动、拆装方便，更加体现该机器独有的特性。可用于各种屋面、地铁、高铁、写字楼、地下室、地下车库等工程喷涂施工。

1）产品特征

（1）不管面积大小均可使用，移动搬运十分方便。

（2）通过隔离电压以及耐高温绝缘装置的防漏电保护，消除安全隐患。

（3）使用时无明火，全程使用电加热装置。

（4）使用高压力泵，喷涂压力大、距离远，涂层均匀。

2）使用说明

（1）在初次使用前请多打开些非固化橡胶沥青防水涂料桶（一般打开6～8桶左右），以便于连续加热喷涂施工。

（2）再次使用前请查看接通电源后电箱面板上的工作电压以及电流是否显示正常。

（3）将六台热熔器分别置放于需加热的涂料桶内，并用支撑架固定好。

（4）待涂料全部熔化开以后将涂料倒入料桶内，打开料桶加热开关以及喷枪管路加热开关。

（5）确认涂料温度已至160℃以及电箱面板上管路温控已到120℃，提起喷枪手把并握紧开关，待喷涂电机徐徐将涂料输送到喷枪口，喷涂作业开始。

3）注意事项

（1）施工前请检查机器各部件是否已全部连接好，避免出现安全隐患。

（2）施工前请戴好手套，穿好防护服，以免接触眼睛和皮肤。

（3）物料温度在未升至180℃或没有达到喷涂标准，禁止启动喷涂。

（4）雨天禁止施工。

（5）禁止异物进入物料箱，以免堵塞机器使用。

（6）机器长时间不用应储放在干燥、通风地方。

4）生产单位

张家港市福明防水防腐材料有限公司

6.2.3　防水卷材施工用工具

防水工程将呈现标准化施工，万合鸿源推出SBS防水卷材标准化工具箱，见图6-24，工具摆放有序，不再乱扔乱放，提高工程质量和工作效率。从而提升施工单位形象，打造良好的施工标准。SBS防水卷材施工用标准化工具箱配置的工具见表6-17。

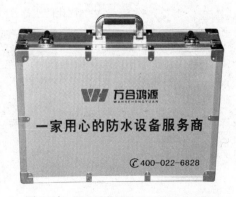

图6-24　SBS防水卷材标准化工具箱

表 6-17　SBS 防水卷材施工用标准化工具箱

序号	名称规格	单位	数量
1	工具箱	件	1
2	卷尺	把	1
3	护膝	个	1
4	工具包	个	1
5	点火器	个	1
6	气管	根	1
7	喷枪	套	1
8	喷枪架	个	1
9	压板	个	1
10	抹刀	把	1
11	丙烷减压阀	个	1
12	开口扳手	把	1
13	压辊	个	1
14	推滚钩	把	1
15	勾刀	把	1
16	活扳手	把	1

6.2.4　非固化橡胶沥青防水涂料防水层施工设备的配置

目前行业内非固化防水涂料的包装运输基本采用桶装的方式，每桶 20L 左右，加盖密封后运到工地现场。在使用时，首先需要对桶内的材料进行热熔，加热的方式根据工地大小不同、机器的配置不同有两种可推荐的方案：①小型工地，可以使用手动化料器在桶内直接加热到 150℃ 左右，然后将非固化涂料倒在地面进行刮涂或倒入喷涂机内进行喷涂，此方法适用于中小型工地，或建筑物的顶面结构较为复杂的非大型平面的小面积施工现场；②大型工地，先对桶内贴着桶壁的材料进行快速地脱桶预热，让整桶料可以从桶内倒入大型熔料机内加热，大型熔料机有着更高的热利用率和更大的容量，适用于大型工地的连续施工作业，此方式为先脱桶，再加热，最后进行喷涂或刮涂。

施工现场参见图 6-25～图 6-28。

图 6-25　施工现场（一）

图 6-26　施工现场（二）

图 6-27　施工现场（三）　　　　　　　图 6-28　施工现场（四）

根据上述的两种方案，以中山晶诚机电设备有限公司的产品为例，将需要用到的设备和配置使用方法介绍如下：

1. 小型工地设备的配置

小型工地的非固化材料加热方式，可采用 RD-20 手动化料器单独加热，也可以用 TD-750 脱桶器配合手动化料器，采用内外同时加热的方式以提高加热速度。使用手动加热器，将每桶料加热到 140℃～160℃所需的时间约为 8～12min，在材料加热后，若采用刮涂的施工工艺，直接将非固化材料倒在地上，快速地用刮板将非固化材料刮出所需的均匀厚度即可铺贴卷材；如采用喷涂的方式，将加热的材料倒入 PT-50 喷涂机（参见 6.2.2 节 2）内（喷涂机需提前接通电源，并预热到设定的湿度），即可进行喷涂施工。其配置见图 6-29。

图 6-29　小型工地的设备配置

（从左往右依次为：PT-50 喷涂机，RD-20 手动化料器，TD-750 脱桶器）

2. 大型工地设备及使用介绍

大型工地的特点是施工面积大，应优先考虑施工的高效率和连续性，对于设备的配置方案，需具备快速的加热功能，能保证熔料速度达到连续施工的要求；需要有更大的容积来盛更多的料（8～20 桶），保证加热到可施工湿度的非固化料的持续供应；设备具有更大的流量和更高的可靠性，满足连续不间断施工的要求。

根据上述要求，推荐使用 RY-150 熔胶机（参见 6.2.1.3 节 1）配 PT-200 喷涂机（参见 6.2.2 节 1），再搭配脱桶器的组合方式。RY-150 熔胶机是一款专门用于快速熔化非固化沥青基材料的设备，该机以柴油燃烧器为热源，使用以导热油为介质的柔性加热方式，最大限度的保护非固化材料在加热过程中不超温，不老化，不破坏材料的原有特性；该设备的容积达 150L，使用时从熔缸上层的入口处加入经脱桶器脱桶后的冷料，在熔缸内经导热油管路的不断加热，温度逐渐升高，当到底部出料口附近时，材料的温度已达 140℃～160℃，满足施工的要求，保证了连续投料，连续加热，连续出料的施工要求。RY-150 熔胶机的出料口带有快速接头，可方便的与 PT-200 喷涂机的进料口连为一体，使用极为方便。

图 6-30　大型工地的设备配置

（从左往右依次为：PT-200 喷涂机带喷枪，RY-150 熔胶机，TD-750 脱桶器）

6.3

非固化橡胶沥青防水涂料防水层的质量验收

6.3.1　一般规定

非固化橡胶沥青防水涂料防水层工程质量验收的一般规定如下：

1）复合防水层质量验收时应提交资料：①防水设计图及会审记录，设计变更洽商单；②防水施工技术方案；③防水施工安全、技术交底书；④防水材料质量证明文件：出厂合格证、材料质量检验报告、现场见证取样复验报告；⑤中间检查记录：分项工程质量验收记录、隐蔽工程质量验收记录、施工检查记录；⑥淋、蓄水试验记录；⑦施工单位资质证书及操作人员上岗证复印件；⑧卷材厂家生产许可证复印件。

2）复合防水层表面应平整、顺直、无折皱。卷材铺贴方向应符合设计要求。屋面坡度大于25％时卷材应采取固定措施，固定点应密封。

3）复合防水层应按防水面积每100m²抽查一处，每处应为10m²，且不得少于3处。细部构造应全数检查。

6.3.2 非固化橡胶沥青防水涂料防水层的质量验收要求

非固化橡胶沥青防水涂料屋面工程防水层主控项目的检验标准应符合表6-18的规定；一般项目的检验标准应符合表6-19的规定。

非固化橡胶沥青防水涂料地下工程防水层的主控项目的检验标准应符合表6-20的规定；一般项目的检验标准应符合表6-21的规定。

表6-18　屋面工程防水层主控项目的检验

序号	项目	合格质量标准	检验方法
1	材料	复合防水层所使用的材料及其主要配套材料的质量应符合设计要求	检查出厂合格证、质量检验报告及现场抽样复验报告
2	厚度	复合防水层的厚度应符合设计要求	用针测法检查
3	防水构造	复合防水层在檐口、天沟、檐沟、水落口、泛水、变形缝、女儿墙收头和伸出屋面管道的防水构造，应符合设计要求	观察检查
4	渗漏和积水	复合防水层不得有渗漏和积水现象	雨后观察或淋水、蓄水检查

表6-19　屋面工程防水层一般项目的检验

序号	项目	合格质量标准	检验方法
1	防水层的整体构造和粘结	复合防水层应形成整体构造并与基层粘结紧密，不得有鼓泡和翘边等现象	观察检查
2	增强处理	涂料附加层应夹铺或覆盖无碱玻纤布进行增强处理，涂料应浸透玻纤布，不得有外露现象	检查隐蔽工程验收记录
3	卷材的搭接缝	复合防水层中面层卷材的搭接缝应粘（焊）结牢固，封闭严密，不得有翘边现象	观察检查
4	卷材的铺贴	复合防水层中面层卷材的铺设方向应正确，卷材搭接宽度的允许偏差为－10mm	观察和尺量检查
5	排汽构造	屋面排汽结构的排气道应纵横贯通，不得堵塞，排汽管应安装牢固，位置应正确，封闭应严密	观察检查

表 6-20　地下工程防水层主控项目的检验

序号	项目	合格质量标准	检验方法
1	材料	复合防水层所使用的材料及其主要配套材料的质量应符合设计要求	检查出厂合格证、质量检验报告及进场材料复验报告
2	防水构造	复合防水层在转角处、变形缝、施工缝、后浇带、穿墙管等部位的构造做法，应符合设计要求	观察检查和检查隐蔽工程验收记录
3	厚度	复合防水层的总厚度应符合设计要求	用针测法检查

表 6-21　地下工程防水层一般项目的检验

序号	项目	合格质量标准	检验方法
1	防水层的整体构造和粘结	复合防水层应形成整体，并与基层粘结紧密，密封严实	观察检查
2	卷材的搭接缝	复合防水层中面层卷材的搭接缝应粘（焊）结牢固，封闭严密，不得有扭曲、折皱、翘边和起泡现象	观察检查
3	接茬宽度和构造卷材之间的搭接宽度	复合防水层在立面的接茬宽度和构造应符合设计要求，卷材之间搭接宽度的允许偏差为－10mm	观察和尺量检查
4	增强处理	涂料附加层应夹铺或覆盖无碱玻纤布进行增强处理，涂料应浸透玻纤布，不得有外露现象	观察检查

第 7 章

水性非固化橡胶沥青防水涂料

7.1

简述

水性非固化橡胶沥青防水涂料（简称水性非固化涂料）是在非固化橡胶沥青防水涂料（本章简称油性非固化涂料）和喷涂速凝橡胶沥青防水涂料基础上发展起来的新型防水涂料。它是由乳化沥青、高分子改性材料、增韧剂、助剂等制成的水乳型混合物。当涂料水分蒸发干燥后，不成膜，仍保持粘滞性的防水涂料，且有很好的粘结力，可代替冷粘胶用于冷粘法施工。该涂料能封闭基层裂缝和毛细孔，能适应复杂的施工作业面；与空气长期接触后不固化，始终保持粘稠胶质的特性，自愈能力强、碰触即粘、难以剥离，在−20℃时仍具有良好的粘结性能。它能解决因基层开裂应力传递给防水层造成的防水层断裂、挠曲疲劳或处于高应力状态下的提前老化等问题；同时，蠕变性材料的粘滞性使其能够很好地封闭基层的毛细孔和裂缝，解决了防水层的窜水难题，使防水可靠性得到大幅度提高；还能解决现有防水卷材和防水涂料复合使用时的相容性问题。

众所周知，建筑物因热胀冷缩、震动和位移，经常会导致防水层分离破裂，致使变形缝处渗漏。通常的防水材料一般能满足常规的防水要求，但对于像混凝土变形缝这样特殊部位的防水，则很难达到理想的效果。变形缝的防水需要特殊的防水材料，这类防水材料应具备良好的阻渗性、粘着性、柔韧延伸性、抗流失性、耐高低温等特性。基于此，水性非固化涂料能完美地解决变形缝的防水及渗漏的修复问题。其产品始终保持粘滞状态，没有形成涂膜，即使基层变形，涂料也几乎没有应力传递，与基层一直保持粘附性，即使开裂也能保持与基层的再粘结。一次施工即可达到需要厚度，无需养护即可进行下道工序施工。

水性非固化涂料脱水干燥后呈非固化膏状体，具有蠕变性和较好的粘结性，能适应基层变形及开裂，且防水层受外力作用下破损后会自动愈合而不会出现窜水现象，有效地解决了现有防水材料应用中出现的许多难题。如：现有防水材料在应用中出现的开裂、脱层、窜水，难以适应基层的变化等诸多难题。该产品既可以单独作为一道防水层，也可与防水卷材复合使用，构成了自愈复合防水层，使防水效果得以强化提高。产品耐久、粘结力强，且无毒、无味、无污染。

水性非固化涂料按固化原理和施工方式分为喷涂速凝型水性非固化橡胶沥青防水涂料（简称喷涂水性非固化防水涂料）和常温干燥施工水性非固化防水涂料两种。喷涂水性非固化防水涂料通常是由阴离子型乳化沥青、高分子改性材料、增韧剂和特种添加剂制成的水乳型混合物组成，而常温干燥施工水性非固化防水涂料产品用的乳化沥青可以是阴离子型乳化沥青、阳离子型乳化沥青、非离子乳化沥青中的一种；或者阴离子乳化沥青与非离子乳化沥青复合使用，也可以阳离子乳化沥青与非离子乳化沥青复合使用。喷涂水性非固化防水涂料的生产方式和固化原理类似于喷涂速凝橡胶沥青防水涂料，而常温干燥施工水性非固化防水涂料与普通的水性防水涂料一样，干燥固化。这两种产品主要区别在于：①组成不同：前者由 A、B 两个组分组成，分别包装，A 组分为高分子改性橡胶乳化沥青、B 组分为破乳剂；后者是一个组分，施工时，开灌即可使用。②脱水干燥原理不同：前者利用乳化橡胶沥青对金属离子的不稳定性，A 组分与 B 组分通过专用喷涂设备，由计量泵输送至喷枪，经快速混合后，喷至基层表面，迅速反应泄水，形成非固化橡胶防水涂层。③施工方式不同：前者必须采用专用的喷涂施工设备；后者可以采用常用的机械喷涂施工或人工刮涂。④常温下形态不同：前者为流动的液体材料；后者为较好粘稠的不流动的液体材料。本章主要讨论喷涂水性非固化防水涂料。

喷涂水性非固化防水涂料虽是在喷涂速凝橡胶沥青防水涂料基础上发展生产的一种新型防水涂料，但最终干燥后的防水涂层性能，与喷涂速凝橡胶沥青防水涂料是不同的。

喷涂速凝橡胶沥青防水涂料是国内外近年来发展起来的一种新型防水材料，该产品由 A、B 双组分物料构成，A 组分为液体橡胶沥青乳液，B 组分为破乳剂。在施工现场，A、B 组分通过专用喷涂设备的两个喷嘴喷出，雾化混合，在基面上瞬间破乳析水，凝聚成防水涂层，实干后形成连续无缝、整体致密的橡胶沥青防水层（涂膜层）。喷涂速凝橡胶沥青防水涂料成膜后具有高弹性、高延伸性、超强粘结性、施工效率高等一系列优点，除用于一般建筑工程的防水外，还可以满足城市地铁建设以及水利工程的防水要求，具有很好的发展应用前景。这与喷涂水性非固化防水涂料失水干燥后不成膜，仍保持粘滞性，且有很好的粘结力相比，其涂层明显区别。

由于水性非固化涂料的性能优异、独特，产品适用于地铁、隧道、涵洞、堤坝、水池、道路桥梁及屋、厕浴间、地下工程等建筑物或构筑物的非外露防水工程，也可应用于地铁、隧道、地下室的防水及衬层等，以及非外露型屋面防水维修工程，特别适用于变形大的防水部位和防水等级要求高的工程中。产品既可单独作为一道防水层，又能与卷材共同组成复合防水层。尤其对于不规则结构及其边缝，可一次成型，整体无接缝，并与基底良好的粘合，实现整体完美包覆。与传统的消极的维修办法不同，该涂料能主动找到平面有裂缝的地方，修复破坏的防水层，重建结构性的完整性，使原受损防水层的功能得到恢复，是一种主动的防水方法。产品不仅可以应用于新建防水工程，也可用于修补受损防水层（注入式防水层重生系统）。

7.2

水性非固化涂料与油性非固化涂料的不同点与相同点

水性非固化涂料与油性非固化涂料的相同点：①利用沥青来生产的防水材料；②都是通过对沥青进行改性得到防水材料性能；③最终得到的基本一样的非固化防水效果。

水性非固化涂料与油性非固化涂料的不同点在于：①产品的状态不同：前者为水乳型，常温下为流动的液体防水材料；后者为不流动膏状的油状防水材料。②生产工艺不同：前者先要经过生产乳化沥青，并用高分子材料对乳化沥青进行改性；后者生产时，需要加热物料，温度需要 200℃ 左右，不仅需要能源，同时在高温状态下，有刺激性的气体。③生产设备不同：前者需要专用的沥青乳化机设备，加上计量、输送设备、储灌等主要设备；后者仅需要可以升降温的搅拌罐和胶体磨。④包装方式不同：前者通常用 50kg、100kg、200kg 塑料桶密封包装；后者用铁桶或塑料袋包装。⑤生产周期不同，前者从投料到包装，不会超过 4h，且产量根据设备产能大小，每班产量，从数十吨到数百吨不等；后者从投料到成品包装，一般至少要 6h 以上。⑥施工方式不同：前者在施工现场，无需加热可以直接采用专用的喷涂施工设备进行喷涂或刮涂施工，方便施工、应用范围更广泛、更灵活性；后者需要将产品加热成液体状态，才能进行刮涂、喷涂施工，对施工设备要求高。总之，水性非固化涂料作为油性非固化涂料产品的补充，更有利于非固化橡胶沥青防水涂料更广泛的推广和使用。

7.3

喷涂水性非固化防水涂料的生产

7.3.1　简述

要达到喷涂水性非固化防水涂料的优异的产品性能，首先要生产出符合喷涂水性非固化防水涂料要求的乳化沥青。

乳化沥青的生产主要原材料：基质沥青、乳化剂、稳定剂和水等。

对乳化沥青的基本要求有：①固含量要高达58%以上。因为乳化沥青是水包油的乳化体系，如果水含量高，那么有效物质就少，同样厚度的涂层不仅用量大，且运输费用就会增加。②乳化沥青的粒径小，在5μm以下。粒径越小涂膜越细腻密实，乳化沥青的粒径大小，不仅会影响产品最终性能，还要影响乳化沥青的储存稳定性。③与橡胶乳液相容性好，乳化沥青和橡胶能融合在一起。④凝聚速度快，乳化沥青在破乳剂的作用下，快速破乳泄水，凝聚成防水涂层。⑤机械稳定性好，乳化沥青通过机械搅拌与橡胶胶乳共混，同时产品在喷涂施工过程当中，要经受高速高压的剪切力；如果机械稳定性不好，那么这个乳液在施工喷涂速凝橡胶沥青的过程当中，会发生破乳，破乳以后容易堵枪。⑥储存稳定性好，产品在储存期内不会分层，不会析出。

总之，乳化沥青应具有固含量较高、粒径较小、黏度适中的特点，且与多种橡胶乳液配合、相容性好，对化学破乳剂敏感、凝聚速度快，抗剪切、机械稳定性好，可以满足水性喷涂速凝非固化防水涂料生产和施工过程的工艺要求。

7.3.2 乳化沥青质量控制要点

为达到对乳化沥青的基本要求和技术要求，在乳化沥青的生产过程中，要优选沥青、乳化剂、稳定剂等原材料，优化并确定生产工艺，主要包括乳化温度、乳化剂液的pH值等的控制，并选用合适的乳化设备、流量控制。只有对这些影响乳化沥青生产质量的因素进行控制，才能确保乳化沥青的质量，并应用于喷涂水性非固化防水涂料产品中。

7.3.3 乳化沥青生产用主要原材料

1. 基质沥青

生产乳化沥青，首先选用优质的石油沥青，石油沥青是一个比较复杂的混合物，不是什么样的沥青都能生产出来符合水性喷涂速凝型非固化涂料。

沥青是乳化沥青的主要材料，占55%以上，其性质决定了乳化沥青的成膜及喷涂速凝的产品质量。经试验，喷涂速凝用乳化沥青宜选用蜡含量低、胶质含量高的石油沥青，这类沥青具有较好粘结性和耐高低温性能。根据季节、用途、综合性能的不同，可以选择70#、90#、100#沥青作为水性非固化防水涂料专用乳化沥青的基质沥青。

2. 乳化剂

乳化剂在乳化沥青中是一种关键性材料。乳化剂分阳离子型、阴离子型和非离子型。什么样的乳化沥青能符合喷涂速凝要求呢？关键是乳化剂具备不具备这种功能，如果选用的是阳离子乳化剂，那么固化剂就要相应的配套，但必须是能达到迅速破乳固化。

乳化剂在一个分子结构上，有两种极性分子：一种分子具有亲水性；一种分具有亲油性。正是由于乳化剂这一特殊性，使沥青与水这两种互不相溶的物质，通过乳化剂连接起来形成新的材料——乳化沥青。喷涂速凝用的乳化沥青，其乳化剂是对基质沥青有着良好的乳化，经乳化后的沥青能相对稳定地存在于水溶液中，并与橡胶胶乳配伍性好，对破乳剂敏感，能在数秒内快速破乳的阴离子乳化剂。

目前生产水性非固化（喷涂速凝型）的乳化沥青主要选用阴离子乳化剂。

3. 稳定剂

乳化沥青是一个不稳定体系，从生产、运输到使用有一定时间，所以要在一定的储存时间内必须保持相对稳定性，这需要添加稳定剂。稳定剂的作用就是在储存期内不发生彼此凝聚、分层、沉降、分裂。提高乳化沥青的储存稳定性一方面可以通过提高电位，使乳化沥青双电层的电位颗粒之间发生相互排斥的作用而达到稳定，如无机物稳定剂；另一方面可以适度提高乳液的黏度，从而达到减缓沉降的目的，使乳化沥青达到稳定，如有机物稳定剂。水性非固化防水涂料用乳化沥青，其稳定剂通常采用有机-无机复合稳定剂。

4. 增韧剂

增韧剂作用是降低基料的玻璃化温度（T_g），降低涂膜的硬度，增加与基面的附着力。通常选用的增韧剂的是芳烃油、橡胶油类产品。

5. 水

水在乳化沥青中既是沥青的载体，又是溶剂，起着润湿、溶解以及发生一定化学反应的作用。由于阴离子乳化剂对钙、镁、铝等金属离子敏感，因此，生产阴离子乳化沥青时特别强调对水质的要求。

6. 其他

生产阴离子乳化沥青时，其他材料主要 pH 调节剂、消泡剂等。这些材料均是市场上容易采购通用的材料。

7.3.4 乳化沥青质量要求

喷涂水性非固化防水涂料用乳化沥青的质量要求见表 7-1。

表 7-1　喷涂水性非固化防水涂料用乳化沥青的质量要求

序号	项 目		指标	试验方法
1	外观		颜色均匀一致、无凝胶、无结块，无丝状物	经搅拌后观察
2	黏度，mPa·s　≤	25℃	60	ASTMD 7226，旋转桨黏度计
		50℃	50	
3	储存稳定性（24h）/%，　≤		1	SH/T 0099.5《乳化沥青贮存稳定性》
4	机械稳定性（30min）/%		1	JC/T 1017—2006《建筑防水涂料用聚合物乳液》
5	筛上剩余物/%，　≤		0.2	SH/T 0099.5《乳化沥青筛上剩余量测定法》
6	凝胶时间/s，　≤		10	直接加破乳剂，记录不流动的时间
7	蒸发残留/%，　≥		58	SH/T 0099.4《乳化沥青蒸发残留物测定法》
8	蒸发残留物针入度 (25℃，100 g，5 s)/(1/10mm)，　≥		120	GB/T 4509—2010《沥青针入度测定法》
9	蒸发残留物延度 (25℃，5 cm/min)/cm，　≥		70	GB/T 4508—201《沥青延度测定法》

7.3.5　乳化沥青生产及喷涂水性非固化防水涂料应考虑的因素

1. 乳化沥青固含量、黏度与施工的关系

乳化沥青的固含量在 65% 左右是黏度的一个拐点。乳化沥青的固含量在 65% 以下，黏度相对小一些；乳化沥青的固含量超过 65%，黏度会急剧增加。在希望乳化沥青固含量高的情况下，也不能到无限高的固含量。如果过高了，乳化沥青的黏度就会急剧增加；乳化沥青的黏度过高，在生产和运输过程当中就变得非常困难；在喷涂施工时就容易堵枪、喷涂雾化效果差，影响施工质量。

2. 温度与乳化沥青黏度的关系

水性防水涂料宜于 5℃ 以上施工，同一乳化沥青其黏度是随着温度变化而变化。当温度越高，乳化沥青的黏度就会越小，黏度越小，越容易喷涂施工。通常在夏天产品喷涂施工时，非常顺畅，但是到了天冷的时候，或者 10℃ 以下，接近 5℃，有可能施工起来就不一定那么顺畅。所以水性非固化（喷涂速凝型）防水涂料在生产和施工时还要需要考虑适宜的黏度和施工温度，这是材料本身决定的。

3. 乳化沥青与改性橡胶乳液的相容性关系

乳化沥青是喷涂水性非固化防水涂料产品的一个主要部分，一般在 60% 左右，还要加入 40% 左右橡胶乳液，对乳化沥青进行改性，以提高喷涂水性非固化防水涂料产品的防水性能。这提出了乳化沥青与改性橡胶乳液的相容性。相容性是指改性橡胶乳液加入到乳化沥青后经机械搅拌混合后，在施工期或数小时内，不出现结团、凝固、分层现象，并在破乳剂的作用下，能同步破乳、泄水，一起形成连续的凝胶体。

4. 防水乳化沥青的粒径分布

防水乳化沥青的颗粒大部分在 2.0μm 左右，它的粒径分布是小于 1μm 的占 20%，1～3.0μm 的占 75%，大于 3.0μm 的占 5%。乳化沥青的粒径小，可增加乳化沥青的稳定性好、凝聚速度快、凝胶体细腻密实。

5. 破乳剂的浓度与凝胶时间的关系

喷涂水性非固化防水涂料在施工过程当中，A 液和 B 液（浓度）需要适当比例进行喷涂。随着破乳剂的浓度增加，水性非固化（喷涂速凝型）防水涂料破乳速度随着加快。破乳剂的浓度为 1% 以下时，凝胶时间比较长，大约 9～10s 的时间，当达到 2%～3% 的破乳剂大约需要 2～3s。乳化沥青如果做得这方面性能不是太好，那么相应的固化剂的浓度就要提高。

乳化沥青颗粒及橡胶乳液之所以在破乳剂的作用下，发生破乳凝聚是在于乳化沥青颗粒及橡胶乳液碰到破乳剂以后，破坏了乳化剂颗粒的双电层结构，使双电层结构变薄，使两个颗粒发生接触，形成一个大的颗粒，从而发生凝聚。

7.3.6 高分子改性材料

1. 简述

除了高固含量的乳化沥青，还不能满足喷涂水性非固化防水涂料产品性能要求。因此，必须对乳化沥青进行改性。对乳化沥青进行改性就是添加与乳化沥青相适应的改性材料，使产品的物理性能达到水性非固化（喷涂速凝）防水涂料技术要求。

改性材料的加入，使改性材料的柔韧性和沥青的憎水性有机地结合在一起。改性材料选择主要考虑：

1）须具有良好的弹性、韧性、粘结性；

2）与乳化沥青必须具有良好的相溶性；

3）与金属离子接触时，须迅速破乳成膜；

4）作为涂料中的主要成膜物质，选择改性材料，主要考虑离子形态、玻璃化温度（T_g）、固含量。离子形态涉及与乳化沥青的配伍性、玻璃化温度表征聚合物乳液的软硬度、防水涂料的涂膜的耐低温性能与所选乳化的玻璃化温度有关。改性材料的固含量最终会影响到成品的固含量的指标。采用一种改性材料难以达到既有强度又有延伸的效果。

目前我们选用的是丁苯胶乳、氯丁胶乳、丁腈胶乳、丙烯酸乳液，两种或两种以上乳液复配而成。

2. 丁苯胶乳 SBR（Styrene Butadiene Copolymer）

丁二烯与苯乙烯之共聚合物，与天然胶比较，品质均匀、异物少，具有更好耐磨性及耐老化性，但机械强度则较弱，可与天然胶掺合使用。优点：非抗油性材质，良好的抗水性，硬度 70 以下具良好弹力，高硬度时具较差的压缩性。缺点：不建议使用强酸、臭氧、油类、油脂和脂肪及大部分的碳氢化合物之中。广泛用于轮胎业、鞋业、布业及输送带行业等。

3. 氯丁胶乳 CR（Neoprene Polychloroprene）

采用 2,3-二氯-1，3 丁二烯为第一单体，2-氯-1，3 丁二烯为第二单体，通过自由基乳液共聚制成的阴离子型胶乳。氯丁胶乳具有良好的抗结晶性能和优良的成膜性能，胶膜柔软，拉伸性能及柔软性更接近天然胶乳。产品附着力强，整体无缝衔接，特别适用于立面及阴阳角等复杂场所表面施工。涂层干燥成型后，保持了氯丁橡胶类材料的高强度、高弹性、气密性好，防水、防渗漏、耐酸碱、耐油性、抗化学腐蚀、耐臭氧、阻燃等优点。涂层耐高温达 120℃ 左右，特别是低温柔韧性突出，－30℃ 无裂缝，特别适用于北方寒冷环境使用。

4. 丁腈胶乳

是由丁二烯和丙烯腈乳液共聚而制得的。由于共聚物分子链中含有腈基，因而具有良好的耐油性、耐溶剂及耐化学药品性。丁腈胶乳主要用作胶粘剂和耐油、耐溶剂浸渍制品，在非硫化制品方面可用于纸浆添加剂、纸张加工、无纺布、表面涂层、石棉制品添加剂及胶粘剂等。

以丁二烯和丙烯腈为主要单体，另加入少量第三单体（丙烯酸或甲基丙烯酸）乳液共聚可制得羧基丁腈胶乳。羧基丁腈胶乳除具备一般丁腈胶乳的特性外，由于在分子主链中引入了羧基活性反应基团，其粘结性、机械稳定性和解冻稳定性均优于一般丁腈胶乳，同时改善了它与其他高分子物质的相容性。

5. 丙烯酸乳液

是由乙烯基烷氧基硅烷单体作为改性剂，与甲基丙烯酸烷基酯、丙烯酸烷基酯、丙烯酸羟烷基酯和烯基芳族化合物等单体通过种子乳液聚合方式进行共聚获得的。其产品稳定性好，可放置一年以上，并可明显提高涂膜的硬度、拉伸强度、耐水性、附着力及耐擦洗性，广泛用于外墙涂料、防水涂料和玻璃装潢涂料等。

丙烯酸胶乳包括纯丙烯酸树脂和丙烯酸乙酯-苯乙烯的共聚物。由于已有许多工业用的丙烯酸和甲基丙烯酸的各种酯，并且该种单体具有卓越的共聚能力，因而可以通过许多方法，包括改变单体间的配比来调节最终产品性能。应用特殊单体还可获得其他特性，如温度增高和紫外线辐射时的自交联、不同基底（如聚丙烯）上的优化粘合特性。

由于其某些性能，如优良的耐候性和耐老化性，丙烯酸乳胶甚至可经受住永久应力，如用于室外的油漆及帐篷和雨篷织物。其他典型应用包括：用于纺织品和纸张的涂料、无纺布粘合、粘合剂和建筑行业的诸多应用。

7.3.7　乳化沥青生产设备

生产设备主要是锅炉、沥青储罐、沥青配料罐、乳化剂配料罐、输送泵、胶体磨、流量计（或数显电子秤）、乳化沥青储罐、产品配料罐等。

1. 沥青储罐

根据产能配置相应大小的沥青储罐。

2. 添加剂配料站

设备由耐酸储存罐和称重计量输出输入系统组成，也可将各类添加剂定量输入乳液罐中。定量输入乳液罐，既可以减轻了劳动强度，又方便操作和提高安全性。

3. 进水系统

水可由换热器根据温度信号自动加温后输入，也可利用成品换热出来的热水加入。保证了生产的连续性，提高了热能的利用率。

4. 乳液配料系统

由不锈钢耐酸罐和耐酸搅拌器以及耐酸远传液位计等组成乳液的配料系统，进水及出料采用自动控制阀门，由控制系统根据液位信号自动加水及转换出料。

5. 沥青配料系统

在沥青配料保温罐内配置加温及冷却系统，液位远传显示和控制，冒顶报警装置，根据液位信号自动加料，根据温度信号自动加温和冷却。

6. 生产系统

由胶体磨、乳液泵、沥青泵以及流量监测控制系统组成的生产主机自动调整及控制配比，保证了成品质量的稳定性。

7. 乳化沥青出料系统

由一套成品冷却系统和一个成品检验槽，以及一台保温沥青输出泵组成，可选成品冷却出料或直接出料，输出泵根据检验槽的液位信号自动将成品输出。

8. 控制系统

一套由各类智能传感器、仪表及常规电器组成的控制系统，降低了维护、检修的技术难度。集手动控制及自动控制于一体，操作简便、直观、灵活。更有报警系统清楚地指示故障原因及位置。喷涂水性非固化防水涂料生产设备示意图见图 7-1。

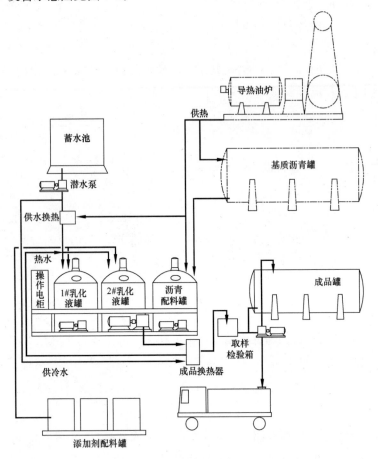

图 7-1　喷涂水性非固化防水涂料生产设备示意图

7.3.8　喷涂水性非固化防水涂料生产工艺

产品生产过程分为两个步骤：高固含量乳化沥青制备和对乳化沥青改性。

1. 高固含量乳化沥青的制备

1）配料：分别在乳化沥青罐中配制乳化剂液、加入稳定剂、pH 值调节剂等，在另一个沥青搅拌罐中计量沥青待用。

2）将两者加热到一定温度按一定比例同时进入高剪切乳化设备，制成乳化沥青。

3）按一定比例在乳化沥青中改性材料搅拌均匀。

4）根据需要加入适量的消泡剂消泡，即可进入乳化沥青储罐。

2. 生产工艺

将分计量的乳化沥青、多种改性材料在搅拌罐混合，加入适量消泡剂，搅拌均匀后即可出料。

3. 生产工艺示意图

喷涂水性非固化防水涂料生产工艺，见图 7-2。

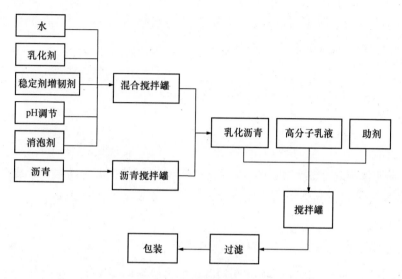

图 7-2　喷涂水性非固化防水涂料生产工艺示意图

7.4

喷涂水性非固化防水涂料产品的性能特点和施工要点

7.4.1　性能特点

1）水性无毒，施工后始终保持胶状的原有状态；无味、无污染且不燃。

2）由于产品施工后始终保持胶状的原有状态，因而具有优越的耐久性、耐疲劳性、耐高低温性及延伸性。

3）自愈性。由于材料始终保持粘稠胶质和具有蠕变性能，当材料达到一定厚度时，能自行修复如钉子之类穿过涂层后空隙的能力，维持完整无缝的防水层。这是该产品特有的功能。

4）粘结性能好。产品可与任何异物（包括木材、水泥、金属、玻璃等）保持良好的粘结性；始终不会造成剥离现象；防水涂料中，通常防水涂料的产品性能主要体现在产品的拉伸性能，而本项目研发的产品，体现在粘结性。

5）防止窜水。由于具有良好的柔性，适于基层的变形，不剥离且能有效地防止窜水；施工时材料不会分离，可形成稳定、整体无缝的防水涂层，且易于维护管理；而结膜型防水涂料成膜以后，会产生脱层现象；防水卷材，更是普遍存在空鼓、脱层现象。

6）材料施工后不会分离，可形成稳定、整体无缝的防水涂层，且易于维护管理。

7）产品在常温、密闭状态下可储存 6 个月以上，不影响其使用性能。

7.4.2　施工要点

1）水性非固化防水涂料既可做涂层防水，又可作为防水胶粘剂粘贴防水卷材，形成复合结构防水层。

2）水性非固化防水涂料可与各类防水卷材（包括自粘沥青、聚乙烯丙纶卷材等）有极好的粘接效果，可形成复合防水层。

3）水性非固化防水涂料与各类基层粘接形成皮肤式防水层，彻底杜绝了窜水现象的发生。

4）施工的多样性及方便性。施工时搅拌均匀以后即可机械喷涂施工，也可制成厚质涂料刮涂施工。

5）与水性其他防水涂料一样，适宜于 5℃以上施工。

6）对于结构变形的适应性。因材料本身优越的延伸性、粘结性，可很好地适应结构变形，不会因结构变化而导致防水涂层的破损。尤其与卷材一起形成复合防水应用，卷材层不会收到应力作用，确保了整个复合防水层长期保持完整性。

7.5

喷涂水性非固化防水涂料的质量要求

7.5.1　一般要求

该产品的生产和应用不应对人体、生物与环境造成有害的影响，所涉及与使用有关的安全与环保要求，应符合我国的相关国家标准和规范的规定。产品中的有害物质含量应符合行业标准 JC 1066－2008《建筑防水涂料中有害物质限量》4.1 中 A 级的要求。

7.5.2 技术要求

1. 外观

喷涂水性非固化防水涂料（A组分）搅拌后颜色均匀一致、无凝胶、无结块，无丝状物。破乳剂（B组分）无结块，溶于水后能形成均匀的液体。

2. 物理力学性能

根据江阴正邦化学品有限公司提供的企业标准 Q/320281NXE 04—2017《SF-水性非固化橡胶沥青防水涂料》，喷涂速凝型水性非固化橡胶沥青防水涂料的物理力学性能见表 7-2。

表 7-2　喷涂速凝型水性非固化橡胶沥青防水涂料的物理力学性能

序号	项　目		技术指标
1	凝胶时间/s	≤	5
2	固含量/%	≥	55
3	粘结性能	干燥基面	95%内聚破坏
		潮湿基面	
4	延伸性/mm	≥	15
5	低温柔性		−20℃，无断裂
6	耐热性/℃		65
			无滑动、流淌、滴落
7	热老化 70℃，168h	延伸性/mm　≥	15
		低温柔性	−15℃，无断裂
8	耐酸性（2%H$_2$SO$_4$溶液）	外观	无变化
		延伸性/mm　≥	15
		质量变化/%	±2.0
9	耐碱性[0.1%NaOH＋饱和Ca(OH)$_2$溶液]	外观	无变化
		延伸性/mm　≥	15
		质量变化/%	±2.0
10	耐盐性（3%NaCl溶液）	外观	无变化
		延伸性/mm　≥	15
		质量变化/%	±2.0
11	自愈性		无渗水
12	吸水率（24h）/h	≤	2
13	应力松弛/%　≤	无处理	35
		热老化（70℃，168h）	
14	抗窜水性/0.6MPa		无窜水
15	剥离性		100%内聚破坏

7.6

喷涂水性非固化防水涂料质量检验方法和检验规则

7.6.1 质量检验方法

具体内容详见 4.2。

1. 水性非固化防水涂料与油性非固化防水涂料的技术指标、试验制备、测试方法比较

1）有 4 个指标不同

（1）闪点：后者有闪点指标，前者没有。

（2）凝胶时间：前者有凝胶时间指标，后者没有。

（3）剥离性：前者有剥离性指标，后者没有。

（4）吸水率：前者有吸水率指标，后者没有。

2）试件制备不同

前者喷涂在试件上，制备测试试件；后者是需要热熔后，刮涂在试件上制备测试试件。

3）测试方法不同

前者试件制备后，需要养护一个星期（168h），使其水挥发完全后测试；后者制备试件后，冷却至常温，即可测试。

2. 部分技术指标检验方法

1）试件制备

在试件制备前，试样、试块及所用试验器具在标准试验条件下放置不少于 24h。

试样按生产厂要求的配比，采用专用的喷涂设备，喷涂至试验试块上，达到规定的厚度，制成试件，试件在标准试验条件下养护 168h。待用。

2）外观的检验方法

搅拌后目测检查。

3）凝胶时间检验方法

在标准试验条件下，将破乳剂（B组分）约50mL加入200mL烧杯中，然后将橡胶沥青乳液（A组分）约10mL加入，并充分搅拌。记录橡胶沥青乳液加入至不流动的时间，即为凝胶时间。

4）剥离性检验方法

按 GB 16777—2008 中第 7 章 B 法进行试验。试件制备后在标准试验下，养护 48h 后测试。砂浆块表面无裸露部分，认为 100% 内聚破坏。

5）吸水率检验方法

将符合规定的试件（尺寸为 50mm×50mm）在标准试验条件下放置 168h，立即稳重（m_1），然后浸入（23±2）℃的水中 24h，取出。用滤纸吸干表面的水渍，立即称重（m_2）。试件从水中取出到称量完毕应在 2min 内完成。吸水率按式 7-1 计算。

$$R = (m_2 - m_1)/m_1 \times 100 \tag{7-1}$$

式中：R——吸水率，用百分数表示（%）；

　　m_1——浸水前试件质量，单位为克（g）；

　　m_2——浸水后试件质量，单位为克（g）。

试验结束取两次平行试验的算术平均值，结果计算精确到 1%。

7.6.2　检测规则

喷涂水性非固化防水涂料的检测规则如下：

1）喷涂水性非固化防水涂料按检验类型分为出厂检验和型式检验。

（1）出厂检验项目包括：外观、凝胶时间、固体含量、延伸性、低温柔性和耐热性。

（2）型式检验项目包括：外观、凝胶时间、固体含量、粘结性能、延伸性、低温柔性、耐热性、热老化、耐酸性、耐碱性、耐盐性、自愈性、吸水率、应力松弛、抗窜水性和剥离性。

在下列情况下进行型式检验：①新产品投产或产品定型鉴定时；②正常生产时，每年进行一次；③原材料、工艺等发生较大变化，可能影响产品质量时；④出厂检验结果与上次型式检验结果有较大差异时；⑤产品停产 6 个月以上恢复生产时。

2）喷涂水性非固化防水涂料的组批：以同一类型 10t 为一批，不足 10t 也作为一批。

3）喷涂水性非固化防水涂料的抽样：在每批产品中随机抽取两组样品，一组样品用于检验，另一组样品封存备用，每组至少 20kg。

4）喷涂水性非固化防水涂料的判定规则如下：

（1）单项判定

① 外观：抽取的样品外观符合标准规定时，判该项合格。否则判该批产品不合格。

② 物理力学性能：a. 凝胶时间、固含量、延伸性、质量变化、吸水率、应力松弛以其算术平均值达到标准规定的指标判为该项合格。b. 粘结性能、低温柔性、耐热性、自愈性、抗窜水性、剥离性以每个试件分别达到标准规定时判为该项合格。c. 各项试验结果均符合标准规定，则判该批产品物理力

学性能合格。d. 若有两项或两项以上不符合标准规定，则判该批产品不合格。e. 若仅有一项指标不符合标准规定，允许用备用样对不合格项进行单项复验；达到标准规定时，则判该批产品物理力学性能合格，否则判为不合格。

（2）总判定

试验结果全部符合标准要求时，则判该批产品合格。

7.7

喷涂水性非固化除水涂料产品的施工设备和施工工艺

7.7.1 施工设备

喷涂水性非固化防水涂料由两个化学活性极高的组分组成，混合后迅速固化成膜，如果没有适当的输送、计量、混合、雾化和清洗设备，这一反应将是无法控制的。所以，喷涂工艺需要有专业的喷涂设备，这一点完全不同于以往的普通涂料施工。喷涂水性非固化防水涂料的施工原理，见图 7-3。

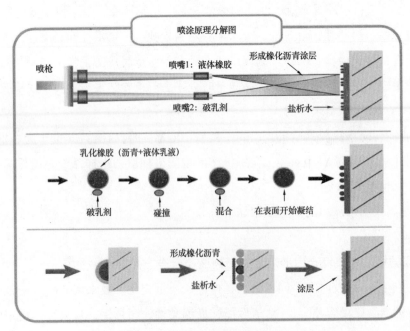

图 7-3 喷涂水性非固化防水涂料的施工原理

喷涂水性非固化防水涂料专用施工设备采用往复卧式高压机，主要由液压驱动系统、两个组分的比例泵和喷枪等组成。A组分和B组分物料分别经抽料泵抽出后进入主机进行计量和加压。该套水性非固化防水涂料专用喷涂设备使A、B组分在喷出枪口的瞬间形成面积相当的扇面，在距离枪口5cm左右混合，迅速固化，喷至基面形成连续无缝的高性能涂膜。喷涂水性非固化防水涂料专用施工设备见图7-4。

图7-4　喷涂水性非固化防水涂料专用施工设备

7.7.2　施工工艺

喷涂水性非固化防水涂料施工工艺：

1）主机设备参数的设定。A、B组分质量比为10：1。

2）A、B组分需先搅拌均匀再进行喷涂施工。

3）施工水性非固化防水涂料的涂层时，下一道要覆盖上一道的50%，俗称"压枪"，同时下一道和上一道的喷涂方向要垂直，只有这样才能保证涂层均匀。

4）平面施工。对于平面施工，除注意压枪和喷涂方向外，还要注意及时清理底材上未处理干净的渣子以及喷涂过程中落到底材上的杂物。

5）垂直面和顶面施工。垂直面和顶面施工除进行以上步骤外，还要注意每道喷涂不要太厚，这既可以通过调节A、B组分的分流阀来控制，也可以通过控制枪的移动速度来调节。

7.7.3 适用范围及施工指南

7.7.3.1 适用范围

喷涂水性非固化防水涂料是由 A 组分和 B 组分组成的现场喷涂成型的双组分非固化涂料。A 组分是由高性能改性乳化橡胶沥青和填料组成；B 组分则是破乳剂。A 组分与 B 组分通过专用喷涂设备，由计量泵输送至喷枪，经快速混合后，喷至基层表面，快速反应固结成为富有弹性的坚韧的防水、防腐和耐磨涂层。适用于建筑工程、基础设施等防水工程，特别适用于高铁、地铁、隧道和水利工程等难度较大的防水工程。

7.7.3.2 施工指南

1. 施工工艺

1) 施工准备

材料准备：A、B 组分应分别用所配的手提搅拌机搅拌均匀，并确保其中没有任何絮状物或固体，必要时可使用 40 目的筛网进行过滤。

(1) 机具准备

① 铁锹、扫帚、手锤、钢凿等：用于基层清理，以避免基层因清洁不够而影响涂膜与基层的粘结及涂膜性能。

② 剪刀、卷尺、弹线盒：用于涂料喷涂定位，防止涂料喷涂过程中出现偏差。

(2) 基层条件

① 基层必须坚实、平整、干燥、洁净，无明显凹凸不平、洞眼、裂缝，无浮浆、油脂等污物，缺陷处应用聚合物砂浆或专用腻子修补。不能有松动、起鼓、面层凸起或粗糙不平等现象，否则必须进行处理。

② 基层表面平整但不应光滑。对于突出基层表面的钢筋、管件、螺栓等应从根部向下凿入基层 10～20mm 割除，并在割除部位采用配比为 1∶2.5 水泥砂浆进行覆盖处理，覆盖面应满足基层的平整度要求。突出基层表面的尖锐硬物、砂浆疙瘩等铲除，不能铲除时应用水泥砂浆抹面覆盖处理，抹面圆弧半径应大于 300mm，并将尘土杂物清除干净，阴阳角、管根部等处应仔细清理，若有不同污渍、铁锈等，应以砂纸、钢丝刷、溶剂等清除干净。对于光滑的表面应用电动打磨机进行粗糙处理。待手触有粗糙感后方可进行下道工序。

③ 基层表面清洁处理。采用合适的溶剂去除油污，用无油并干燥的压缩空气吹扫或吸尘吸取，也可以用清水冲洗，清除基面细小浮灰。

④ 穿出基层的构件必须安装完毕后方可进行防水施工。防水层施工前，应确保穿墙管、预埋件均已施工完毕。涂料喷涂后，严禁在防水层上开洞，以免引起渗漏水。

⑤ 防水涂料需保存在通风、干燥的地方，并远离火源，应避免日晒、雨淋。

2）施工步骤

在基面处理完成后，将喷涂设备调节至理想状态，材料准备完毕后，即可进行喷涂施工。

（1）将 A、B 组分的进料管以及回流管分别插入料筒中，将回流阀处于打开状态，打开设备电源开关，打开喷枪开关，缓缓调节 A、B 组分的回流阀，使喷出的双组分液体扇面可以充分重叠混合，即可在处理干净的基面上进行喷涂施工。为避免造成涂料的浪费，此调试过程可先采用洗枪水代替，将扇面调至合适的大小和角度后，将管内剩余清水喷尽，再换成涂料，即可进行喷涂施工。喷涂过程中需注意涂料使用情况，即将用尽时及时补充。

（2）喷涂完成后，用专用洗水枪清洗软管和喷枪，将 A、B 组分的进料管分别放入洗水枪中，关紧回流阀，打开喷枪，开始洗枪，洗至喷出清水为止。

（3）使用专用洗机溶剂对 A 组分部分进料管和回流管进行回流清洗，将 A 组分的进料管插入溶剂桶中，打开 A 组分的回流阀，使溶剂由进料口吸入，回流管排出，回流清洗 10min 左右即可。

（4）洗枪完毕后，关闭电源。若短期内暂时不用，可拆卸下出料管和喷枪，妥善保存，向 A、B 组分的出口料分别滴入机油，盖上防尘布即可。

3）操作要点

（1）将基面清理干净，调整好设备，即可进行喷涂施工。喷涂时采用十字交叉法进行施工，可有效避免沙眼等缺陷的存在，重复喷涂直到达到要求厚度即可。

（2）喷涂完成后需等涂膜干燥后才可浇筑混凝土。

（3）雨雪风沙天气及温度低于 5℃不适合进行喷涂操作。

（4）喷涂完成后必须马上使用专用洗枪水对设备进行清洗，若设备较长时间不用，在下次使用前可将 A 组分部分进料口拆下清洗，确保没有堵塞。

（5）设备的输出压力和出料配比在设备出厂时已经调整好，施工人员无需进行再次调整，如需调整，需联系厂家技术人员。

2. 质量验收

（1）水性非固化防水涂料及主要配套设备应符合设计要求，不合格的材料不得使用。

（2）混凝土或其他材料的基面应连续、坚实，无疏松、脱落、裂缝等缺陷，否则应预先修补完整。

（3）涂料及配套设备应按规定和设计要求使用，各细部构造节点处理到位。

（4）竣工后的防水工程应达到不渗、不漏。

3. 成品保护

水性非固化防水涂料完工后，应注意成品保护，避免防水层受到破坏。在防水层施工过程中和防水层验收前，所有人员不准穿钉鞋在防水层上走动，无关人员不能进入现场，严禁在防水层上堆放杂物和推手推车行走。加强对有关施工人员的教育工作，自觉形成成品保护意识，同时采取相应措施，以切实保证防水层的防水性能。

4. 注意事项

（1）基层满足设计和规范要求。防水工程开始施工前，应对前项工程进行质量验收，合格后方可施工。

（2）各项预埋管件按设计及规范要求应事先预埋，并做好防水密封处理。

（3）防水施工不宜在雨天以及5级以上大风中施工。

（4）水性非固化防水涂料进入施工现场后，材料的堆放、标志和使用过程必须要严格区分，避免混放误用。

（5）水性非固化防水涂料应贮存在阴凉干燥、通风良好，避免阳光直射，且应配备必要的消防设备。贮存期为6个月。

（6）涂料桶应正放，码放层次最多不超过2层。

（7）施工区域应采取必要的、醒目的维护措施（周围提供必要的通道），禁止无关人员行走践踏，严格避免破坏防水层。

（8）对于防水面积的项目分阶段施工时，必须采取相应措施，做好临时封闭。

（9）喷涂完成后，需等涂膜干燥后再浇筑混凝土。

（10）喷涂施工人员需采取防护措施，避免吸入涂料。

7.8

水性非固化防水涂料的防水构造（推荐）

根据 GB 50345—2012《屋面工程技术规范》4.5 中，规定了卷材、涂膜屋面防水等级和防水做法。Ⅰ级防水做法：卷材防水层和涂膜防水层、复合防水层；Ⅱ级防水做法：涂膜防水层、复合防水层。Ⅰ级防水等级为重要建筑和高层建筑、两道防水设防；Ⅱ级防水等级为一般建筑、一道防水设防。根据卷材及涂膜防水层设计的要求，在相应防水等级前提下规范规定了每道涂膜防水层、每道涂膜防水层与防水卷材复合使用时防水材料最小使用厚度。合成高分子防水涂膜Ⅰ级防水为 1.5mm 厚，Ⅱ级防水为2.0mm 厚。当自粘聚合物改性沥青防水卷材（无胎）与合成高分子防水涂膜构成复合防水层时，Ⅰ级防水：自粘聚合物改性沥青防水卷材（无胎）最小厚度为 1.5mm，合成高分子涂膜的最小厚度为1.5mm；Ⅱ级防水：自粘聚合物改性沥青防水卷材（无胎）最小厚度为 1.2mm，合成高分子涂膜的最小厚度为 1.0mm。由此，作为合成高分子防水涂料类的水性非固化防水涂料，做成 2.0mm 厚一层防水层，构成Ⅱ级防水，也可以与喷涂速凝橡胶沥青防水涂料一起作为一整体的 2.0mm 厚防水层，构成Ⅱ级防水；水性非固化防水涂料与自粘聚合物改性沥青防水卷材（有胎、无胎）或不少于 0.7mm 厚聚乙烯丙纶防水卷材复合使用，构成Ⅰ级防水。具体防水构造如下：

1）Ⅰ级防水构造

（1）1.5mm厚无胎自粘型聚合物改性沥青防水卷材或2.0mm厚有胎自粘型聚合物改性沥青防水卷材＋1.5mm厚水性非固化防水涂料复合防水层，见图7-5。

（2）0.7mm聚乙烯丙纶防水卷材与2.0mm厚水性非固化防水涂料复合防水层，见图7-6。

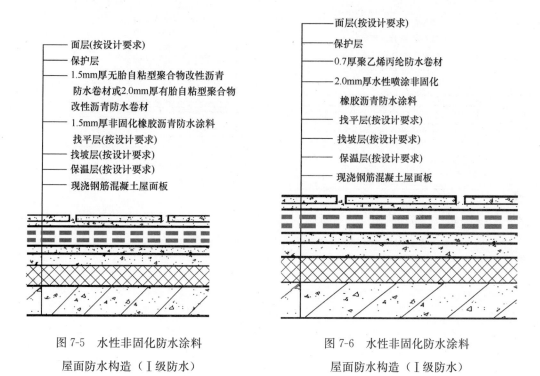

图 7-5　水性非固化防水涂料
屋面防水构造（Ⅰ级防水）

图 7-6　水性非固化防水涂料
屋面防水构造（Ⅰ级防水）

2）Ⅱ级防水构造

（1）1.2mm厚无胎自粘型聚合物改性沥青防水卷材或2.0mm厚有胎自粘聚合物改性沥青防水卷材＋1.0mm厚水性非固化防水涂料复合防水层，见图7-7。

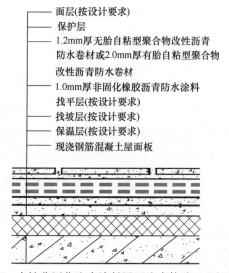

图 7-7　水性非固化防水涂料屋面防水构造（Ⅱ级防水）

（2）1.0mm 厚水性非固化防水涂料＋1.0 mm 厚喷涂速凝橡胶沥青防水涂料复合防水层，见图 7-8。

（3）2.0mm 厚水性非固化防水涂料单层防水层，见图 7-9。

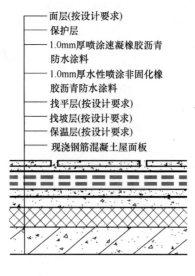

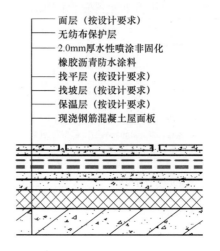

图 7-8　水性非固化防水涂料
屋面防水构造（Ⅱ级防水）

图 7-9　水性非固化防水涂料
屋面防水构造（Ⅱ级防水）

7.9

水性非固化防水涂料的施工案例

7.9.1　概述

　　水性非固化橡胶沥青防水涂料是一种蠕变性防水材料。该材料的开发应用，有效地解决了现有防水材料应用中出现的空鼓、窜水、与基层粘接不牢等诸多问题。施工后呈非固化膏状体，对基层变形及开裂适应性强，防水层受外力作用下破损后会自动愈合而不会出现窜水现象。产品既可单独作为一道防水层，也可与自粘沥青防水卷材、聚乙烯丙纶防水卷材、喷涂速凝橡胶沥青防水涂料等防水材料复合使用，构成了自愈复合防水层，使防水效果得以强化提高。产品耐久、粘结力强、柔韧性能好且无毒、无味、无污染。并可机械化喷涂施工。在常温下（5℃～40℃之间）即可直接喷涂、刮涂施工，解决了油性非固化涂料必须加热才能施工的问题。2015 年 10 月由沈阳国建精材科技发展有限公司首次在丹东鹏城杰座地产工地现场成功举办了喷涂水性非固化防水涂料现场施工观摩会，这次使用的喷涂水性非固化防水涂料产品是由韩国什沛世公司监制。现场会由专业的施工人员进行现场喷涂施工，邀请来自国内的防水专业施工团队、专家学者、检测单位、商家代表百余人，齐聚丹东，现场观摩，使大家在工地现场领略喷涂水性非固化防水涂料这一新产品。

目前国内有多家企业在生产和施工水性非固化防水涂料，例：江苏邦辉化工科技实业发展有限公司、沈阳国建精材科技发展有限公司、昆明滇宝防水建材有限公司、松喆（天津）科技开发有限公司、浙江省鲁班建筑防水有限公司、广州和氏龙建材科技有限公司等等，并在众多工程得到了应用。如：河南省周口市黄泛区农场公租房住宅小区，防水工程量 2500㎡，采用的 1.5mm 喷涂水性非固化防水涂料＋1.5mm 喷涂速凝橡沥青防水涂料；丹东鹏城杰座地产工地，采用 1.5mm 喷涂水性非固化涂料＋聚乙烯丙纶防水卷材；昆明曙光男科医院平屋顶防水工程，防水工程量 1000㎡，每平方米用量 1kg，刮涂水性非固化防水涂料厚度 0.5mm，干后直接铺贴 3mm PY 自粘卷材；天津宝富国际屋面防水工程，防水工程量 20000㎡，采用 1.5mm 喷涂水性非固化防水涂料＋1.2mm 无胎自粘卷材；延吉市格林小镇沃尔玛超市 2 期屋面防水及地下防水工程计 12000㎡，屋面采用 1.5mm 喷涂水性非固化防水涂料＋1.5mm 喷涂速凝橡胶沥青防水涂料，地下采用 1.5mm 喷涂水性非固化防水涂料＋1.2mm 喷涂速凝橡胶沥青防水涂料；海口儋州同利大酒店防水工程，防水工程量 3500㎡，采用 3mm 喷涂水性非固化防水涂料；青岛蘑菇山店铺平屋面防水工程，防水工程量 8000㎡，采用 1.5mm 喷涂水性非固化防水涂料＋1.2mm 喷涂速凝橡胶沥青防水涂料；江苏宜兴江南电缆 6 车间屋面 1200㎡，采用 1.5mm 喷涂水性非固化防水涂料＋1.5mm 喷涂速凝橡胶沥青防水涂料等等。这些成功的案例，无疑推动了水性非固化防水涂料产品的推广应用。

目前国内无统一的产品标准，企业各自制订自己的产品标准，其技术指标参差不齐，影响了水性非固化防水涂料的推广应用。由于水性非固化防水涂料是近几年发展起来的新型防水材料，在推广应用过程中，仍要不断完善施工工法和施工工艺，提高其防水的可靠性。值得一提的是水性非固化防水涂料，需要在水分挥发后，才能再施工防水卷材，否则，防水卷材施工后，防水层就会产生鼓泡现象，尤其是气温高时，更为明显，已引起防水行业专家关注。

7.9.2 台州市广聚能源科技有限公司厂房及办公楼屋面防水工程

1. 工程概况及防水层构造

台州市广聚能源科技有限公司厂房及办公楼位于台州市椒江区滨海工业区，建设单位为台州市广聚能源科技有限公司，施工单位为浙江省东方建设集团有限公司，设计单位为浙江华洲国际设计有限公司，工程总建筑面积 256117㎡，工程造价 45000 万元，结构为框架、钢结构。总防水工程面积为 2500m² 之多。先期建成的三栋厂房，每栋厂房屋面防水施工面积约 3500㎡，屋顶为平屋面上人屋面。

屋面防水工程为正置式防水结构层。本工程为工业厂房，是一般性的建筑，防水等级为 Ⅱ级，防水材料构造采用两种方式：第一种防水构造为复合防水层，喷涂速凝水性非固化防水涂料＋喷涂速凝橡胶沥青防水涂料两种防水材料；第二种防水构造为单层防水层，喷涂一层2mm厚速凝水性非固化防水涂料。其屋面防水工程构造图见图7-10、图7-11。这种防水构造，分别在同一屋面上使用。

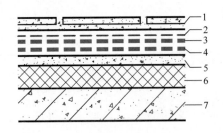

图7-10 屋面防水结构构造层

1—40mm厚φ6×10钢筋混凝土保护层；2—隔离层；

3—1.0mm喷涂速凝橡胶沥青防水涂料；4—1.0mm厚

喷涂水性非固化橡胶沥青防水涂料；5—20mm厚水泥

砂浆找平层；6—保温层；7—基层

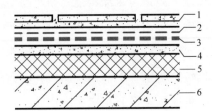

图7-11 屋面防水结构构造层

1—40mm厚φ6×10钢筋混凝土保护层；2—隔离层；3—1.0mm厚喷涂水性非固化橡胶沥青防水涂料；4—20mm厚水泥砂浆找平层；5—保温层；6—基层

2. 施工工艺、材料和施工设备

1）基层清理与找平

清理基层（水泥砂浆找平层）上杂物，用水泥砂浆找平并修补基层，对基层上设置的分格缝，用建筑构件密封膏灌缝。基面要求平整、牢固、干净、无明水。

2）细部构造处理

防水层施工前，先对穿墙管、阴阳角等细部，用水泥砂浆做成圆弧角。待其水泥砂浆硬化干燥后涂刷手刷型水性非固化涂料，附上一层无纺布，再涂刷一层手刷型水性非固化涂料。落水管根部四周，用建筑构件密封膏嵌填。

喷涂水性非固化防水涂料，由于黏度小，一次刮涂很难达到需要的厚度，所以通常用非流动状态的涂料，才能满足施工要求。而这种涂料，通常称为手刷型涂料，也称为"手刷料"。

3）施工前准备

通过分块、分区域测算面积，计算好相应的用量，并要事先考虑两种材料先后喷涂的起点与收尾的顺序与位置，以及喷涂施工设备和防水材料的安放位置。配制破乳剂，并进行试喷，其破乳剂浓度达到快速破乳、析水的效果。

4）防水层施工

（1）复合防水（喷涂速凝橡胶沥青水性非固化防水涂料＋喷涂速凝橡胶沥青防水涂料）

由于屋面面积较大，将整个屋面防水施工面积划分若干单元，面积约以100㎡为一个单元，喷涂方向是从坡度最低处开始。先连续喷涂施工一层1.0mm厚喷涂速凝水性非固化涂料，对阴阳角、穿墙管、管根等细部构造，可适度加厚一点。

首层喷涂结束后，待其干燥后，一般在6h左右，即可，再喷涂一层1.0mm喷涂速凝涂料防水层。喷涂起点是从第一层防水层结束点开始，喷涂方向是从坡度最低处开始。向前行进至第一层防水层开始位置。

（2）单层防水（喷涂速凝水性非固化防水涂料）

由于屋面面积较大，将整个屋面防水施工面积划分若干单元，面积约以 100㎡ 为一个单元，喷涂方向是从坡度最低处开始。连续喷涂施工一层 2.0mm 喷涂速凝水性非固化涂料，对阴阳角、穿墙管、管根等细部构造，可适度加厚一点。

防水层验收结束后，即进行防水层保护层施工。

3. 质量检查

主要检查防水层有无空鼓、面层防水层有无细小裂缝和防水层厚度。

喷涂速凝水性非固化涂料防水层如果没有彻底干燥，即喷涂施工喷涂速凝涂料，在阳光烈日下，喷涂速凝涂料防水层往往出现鼓泡现象。这就需要对鼓泡进行处理。割开、放气、干燥后，涂刷喷涂速凝涂料即手刷型水性非固化涂料进行修补。

对喷涂速凝涂料防水层因在失水过程中收缩产生的细小裂缝，用喷涂速凝涂料即手刷型水性非固化涂料涂刷处理。这些裂缝细小，虽少不多，但危害很大，必须进行处理。

单层防水层通常只检验厚度即可。

防水层总厚度的平均实测厚度不少于设计厚度的 80%。

此外，可以通过蓄水或下雨天，验证了其防水效果。

4. 结论

这次在台州市广聚能源科技有限公司厂房及办公楼屋面防水工程上应用的两种防水材料，均由江苏邦辉化工科技实业发展有限公司研制生产，并负责指导施工的。

这次喷涂施工工艺使用的机械喷涂设备，是由松洁（天津）科技开发有限公司、郑州持恒实业有限公司提供，并各自派出技术人员，在现场指导喷涂施工。验证了喷涂速凝水性非固化防水涂料作为单独一层防水层以及喷涂速凝水性非固化防水涂料与喷涂速凝橡胶沥青防水涂料复合防水这两种防水构造的可能性，这两种防水材料使用相同国产喷涂机械设备进行施工。经过不到 3d 的时间，完成了首次 3500㎡ 防水施工任务。

防水材料构造采用两种方式处理（为Ⅱ级防水）。复合防水层：喷涂速凝水性非固化涂料＋喷涂速凝橡胶涂料；单层防水层：喷涂一层 2.0mm 厚速凝水性非固化涂料。这两种防水构造均取得了防水效果。

7.9.3 余姚市穴湖地块保障性住房新建工程顶板防水

1. 工程概况及防水层构造

余姚市穴湖地块是保障性住房新建工程，位于余姚市城东穴湖村（东至月梅路、南至冶山路、西至兵马司路、北至安山路）共 15 栋主体建筑，其中一层联通地下室。建筑总面积为 139484.63㎡，其中地上建筑面积为 101867.96㎡，地下建筑面积为 38240.67㎡。

该建筑工程是政府为了帮助解决老百姓住房问题的民生工程，也是当地标志性工程之一。地下室顶板防水等级为Ⅰ级，初始防水层结构设计，设计单位采用的是比较传统保守的方法，即防水混凝土结构板＋3mm 厚 SBS 防水卷材＋4mm 厚耐根穿刺防水卷材。根据防水施工单位的建议，采用了新的防水材料和施工工艺，即防水混凝土结构板＋1.5mm 喷涂水性非固化防水涂料（注：非速凝型、常温干燥固化涂料）＋3mm 厚自粘防水卷材＋4mm 厚耐根穿刺防水卷材。顶板为种植屋面，其防水工程构造层见图 7-12。

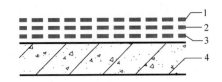

图 7-12　屋面防水结构构造层

1—4mm 厚耐根穿刺防水卷材；2—3mm 厚自粘防水卷材；3—1.5mm 喷涂水性非固化橡胶沥青防水

涂料（非速凝型）；4—防水混凝土结构板

2. 新型防水材料介绍

水性非固化防水涂料是一种高聚物和乳化沥青相结合的非速凝型新型建筑防水产品。该产品常温施工、自然干燥，具有突出的蠕变性能，对各种基材均有优异的粘结性能，既可以用于与各种防水卷材的粘贴，也可以和各种卷材复合使用。由该产品带来的自愈合性能，可解决基层产生的开裂和卷材防水窜水所造成的渗漏；同时也可以单独使用，加隔离层进行防水。水性的非固化沥青产品施工简单，除了大型的防水项目外，也非常适合中小的防水项目和防水维修工程。

该产品的主要特点：（1）优异的粘结性能：由特种高聚物带来的粘结性能使得 BW30 粘结各种基材的防水卷材，并且能够长时间保持粘性；（2）由于该产品的非固化特征，对防水基层的细微裂缝有很好的封闭作用，同时，由蠕变性带来的抗裂性可封闭基层由于水泥水化或混凝土老化过程中所产生的裂缝，确保了防水的可靠性，降低防水工程的维护费；（3）该产品本身有非常好的耐水性能，固化成膜完成后，耐水能力达到油性产品的水平；（4）低气味，环保；施工工具简单，速度快，不需加热；（5）该产品包装简单，运输方便，也适用于家庭防水装修工程。

3. 施工

施工工艺流程：基层处理→1.5mm 机械喷涂水性非固化防水涂料→3mm 厚自粘防水卷材→弹线→热熔铺贴 4mm 厚耐根穿刺防水卷材→热熔焊接搭接缝→检查、验收→成品保护。

1）基层处理

防水施工前应将起鼓部位铲除，用 1∶2 的水泥砂浆进行找平，阳角处用水泥砂浆做圆弧倒角，然后将基层表面的杂物清扫干净。

2）机械喷涂水性非固化防水涂料

在基层上喷涂时，一次喷涂达到设计厚度，待颜色完全变成黑色发粘后可以进行下一道工序的施工。

3）粘贴 3mm 厚自粘防水卷材

卷材展开对准基准线试铺，注意将隔离膜朝下。平面铺贴时从一端将卷材卷起，在卷长 1/2 处，用裁纸刀从隔离纸（膜）中间裁开。注意：不要划穿卷材。将 1/2 卷材就位后，拉住已撕开的隔离纸（膜）一端均匀用力向后拉，边拉边铺贴，铺贴时注意排气，卷材要求铺贴严实，与基层粘贴牢固；立面铺贴时从卷材的一端将隔离膜揭起，拉住揭下的隔离纸（膜）匀力向下拉，同时将揭掉隔离纸（膜）的部分粘贴在涂刷好的基层处理剂上，边拉边铺贴，铺贴时注意排气，使卷材与基层紧密结合。随时注意与基准线对齐，施工时速度不宜过快。

4）热熔法施工 4mm 厚耐根穿刺防水卷材

待卷材起始端卷材粘牢后，持火焰喷灯对着待铺的整卷卷材，使喷灯距卷材及基层加热处 0.3～0.5m 施行往复移动烘烤（不得将火焰停留在一处直火烧烤时间过长，否则易产生胎基外露或胎体与改性沥青基料瞬间分离），应加热均匀，不得过分加热或烧穿卷材。至卷材底面胶层呈黑色光泽并拌有微泡（不得出现大量气泡），及时推滚卷材进行粘铺，后随一人施行排气压实工序。热熔焊接搭接缝，搭接缝及收头的卷材必须均匀、全面的烘烤，必须保证搭接处卷材间的沥青密实熔合，且有熔融沥青从边端挤出，并用刮刀将挤出的热熔胶刮平，沿边端封严，以保证接缝的密闭防水功能。

4. 质量检验

地下室顶板防水层完成至保护层浇筑完成半个月后，正是我国南方气候的梅雨季节，另外在工地施工时不断有大吨位的工程车在顶板上施工作业，这也是为什么采用水性非固化防水涂料作为卷材与结构层的基层涂料的原因，因为水性非固化涂料它对应力有很好的吸收作用，通过其本生流动性也很大程度上提高了卷材的抗撕裂能力，对整个防水层的使用寿命有着至关重要的作用。

水性非固化防水涂料其本身不仅有防水效果，而且与自粘卷材能相容；和自粘卷材组合在一起就形成了一道复合防水层，能取长补短其防水效果比两层叠加的防水层防水效果要提高很多，从而也降低了工程成本。

经历了一段时间梅雨季节和上部荷载的考验后，对顶板的防水效果进行了全面的检查，几乎没发现有渗水、漏水现象。

5. 结论

该防水工程是由浙江省鲁班建筑防水有限公司施工；水性非固化防水涂料是由广州和氏龙建材科技有限公司提供

在过去的防水材料和防水施工工艺的发展过程中，比较单方面地考虑了材料的性能指标，只考虑了单一防水材料的防水效果；经过这几年的发展也有许多防水性能优越的材料产生，施工工艺也得到了很大的发展，而喷涂水性非固化橡胶沥青防水涂料的开发，为解决防水施工完成后，考虑工程的动态性，比如大型工程机械施工、其他工种施工时对防水质量的影响。

每一个工程施工都是动态的，防水作为其中的分部工程，也要以动态的思维方式使用防水材料和施工工艺。防水的目标不是把哪一种防水材料高标准地施工在结构上，而是如何杜绝房屋渗、漏水。

主要参考文献

[1] 苏州非金属矿工业设计研究院防水材料设计研究所，建筑材料工业技术监督研究中心. 建筑材料标准汇编　防水材料　基础及产品卷[M]. 北京：中国标准出版社，2013.

[2] 苏州非金属矿工业设计研究院防水材料设计研究所，建筑材料工业技术监督研究中心. 建筑材料标准汇编　防水材料　试验方法及施工技术卷[M]. 北京：中国标准出版社，2013.

[3] 建筑防水涂料试验方法 GB/T 16777—2008 [M]. 北京：中国标准出版社，2008.

[4] 石油产品闪点与燃点测定方法（开口杯法）GB/T 267—1998 [M]. 北京：中国标准出版社，1989.

[5] 变形铝及铝合金化学成分 GB/T 3190—2008 [M]. 北京：中国标准出版社，2008.

[6] 平板玻璃 GB 11614—2009 [M]. 北京：中国标准出版社，2009.

[7] 高分子防水材料 第 1 部分 片材 GB 18173.1—2012 [M]. 北京：中国标准出版社，2013.

[8] 高粘高弹道路沥青 GB/T 30516—2014[M]. 北京：中国标准出版社，2014.

[9] 煤沥青 GB/T 2290—2012 [M]. 北京：中国标准出版社，2013.

[10] 聚合物改性道路沥青 SH/T 0734—2003[M]. 北京：中国石化出版社，2004.

[11] 非固化橡胶沥青防水涂料 JC/T 2288—2014（公示稿）.

[12] 北京市地方标准. 非固化橡胶沥青防水涂料施工技术规程（征求意见稿）.

[13] 苏州中材非金属矿工业设计研究院有限公司，苏州建筑科学研究院集团股份有限公司. 江苏省建筑防水工程技术规程 DGJ 32/TJ 212—2016[M]. 南京：江苏凤凰科学技术出版社，2017.

[14] 范耀华. 化工百科全书沥青第十卷[M]. 北京：化学工业出版社，1996.

[15] 王葳. 化工辞典 第四版 [M]. 北京：化学工业出版社，2000.

[16] 中国大百科全书总编辑委员会《化工》编辑委员会，中国大百科全书出版社编辑部. 中国大百科全书化工卷[M]. 北京：中国大百科全书出版社，1987.

[17] 张德勤. 石油沥青的生产与应用[M]. 北京：中国石化出版社，2001.

[18] 陈惠敏. 石油沥青产品手册[M]. 北京：石油工业出版社，2001.

[19] 虎增福. 乳化沥青及稀浆封层技术[M]. 北京：人民交通出版社，2001.

[20] 黄晓明，吴少鹏，赵永利. 沥青与沥青混合料[M]. 南京：东南大学出版社，2002.

[21] 廖克俭，丛玉凤. 道路沥青生产与应用技术[M]. 北京：化学工业出版社，2004.

[22] 杨林江. 改性沥青基其乳化技术[M]. 北京：人民交通出版社，2004.

[23] 张海梅. 新世纪高职高专土建类系列教材 建筑材料[M]. 北京：科学出版社，2001.

[24] 张智强，杨斧钟，陈明凤. 化学建材[M]. 重庆：重庆大学出版社，2000.

[25] 张行锐，王凌辉. 防水施工技术第三版[M]. 北京：中国建筑工业出版社，1983.

[26] 全国化学建材协调组建筑涂料专家组建筑涂料编委会. 建筑涂料培训教材. 上海：全国化学建材协调组建筑涂料专家组，2000.

[27] 中国建筑防水材料工业协会. 建筑防水手册[M]. 北京：中国建筑工业出版社，2001.

[28] 王朝熙. 简明防水工程手册[M]. 北京：中国建筑工业出版社，1999.

[29] 刘庆普. 建筑防水与堵漏[M]. 北京：化学工业出版社，2002.

[30] 《建筑工程防水设计与施工手册》编写组. 建筑工程防水设计与施工手册[M]. 北京：中国建筑工业出版社，1999.

[31] 叶琳昌. 防水工手册 第二版[M]. 北京：中国建筑工业出版社，2001.

[32] 朱馥林. 建筑防水新材料及防水施工新技术[M]. 北京：中国建筑工业出版社，1997.

[33] 金孝权，杨承忠. 建筑防水 第二版[M]. 南京：东南大学出版社，1998.

[34] 纪奎江. 实用橡胶制品生产技术[M]. 北京：化学工业出版社，1991.

[35] 刘国杰. 特种功能性涂料[M]. 北京：化学工业出版社，2002.

[36] 张书香，隋同波，王惠中. 化学建材生产及应用[M]. 北京：化学工业出版社，2002.

[37] 王璐. 建筑用塑料制品与加工[M]. 北京：科学技术文献出版社，2003.

[38] 陈长明，刘程. 化学建筑材料手册[M]. 南昌：江西科学技术出版社，北京：北京科学技术出版社，1997.

[39] 徐定宇，张英，张文芝. 塑料橡胶配方技术手册[M]. 北京：化学工业出版社，2002.

[40] 潘长华. 实用小化工生产大全 第二卷[M]. 北京：化学工业出版社，1997.

[41] 赵世荣，顾秀云. 实用化学配方手册[M]. 哈尔滨：黑龙江科学技术出版社，1988.

[42] 翟海潮. 建筑粘合与防水材料应用手册[M]. 北京：中国石化出版社，2000.

[43] 穆锐. 涂料实用生产技术与配方[M]. 南昌：江西科学技术出版社，2002.

[44] 姚治邦. 建筑材料实用配方手册 修订版[M]. 南京：河海大学出版社，1995.

[45] 邓钫印. 建筑工程防水材料手册 第二版[M]. 北京：中国建筑工业出版社，2001.

[46] 乔英杰，武湛君，关新春. 新型化学建材设计与制备工艺[M]. 北京：化学工业出版社，2003.

[47] 刘尚乐. 聚合物沥青及其建筑防水材料[M]. 北京：中国建材工业出版社，2003.

[48] 谢忠麟，杨敏芳. 橡胶制品实用配方大全[M]. 北京：化学工业出版社，1999.

[49] 倪玉德. 涂料制造技术[M]. 北京：化学工业出版社，2003.

[50] 刘登良. 涂料工艺 第四版[M]. 北京：化学工业出版社，2009.

[51] 马庆麟. 涂料工业手册[M]. 北京：化学工业出版社，2001.

[52] 钱逢麟，竺玉书. 涂料助剂—品种和性能手册[M]. 北京：化学工业出版社，1990.

[53] 贺行洋，秦景燕等. 防水涂料[M]. 北京：化学工业出版社，2012.

[54] 中国硅酸盐学会房建材料分会防水材料专业委员会. 工程建设标准设计图集 15SJ1508 建筑防水构造图集—DNC 非固化橡胶沥青零渗漏防水系统[M]. 北京：中国建材工业出版社，2015.

[55] 沈春林，苏立荣，李芳，周云. 建筑防水涂料[M]. 北京：化学工业出版社，2003.

[56] 沈春林. 沥青防水材料[M]. 北京：中国标准出版社，2007.

[57] 沈春林. 新型建筑防水材料施工[M]. 北京：中国建材工业出版社，2015.

[58] 中国硅酸盐学会房建材料分会防水材料专业委员会. 全国第十七届防水材料技术交流大会论文集[S]. 2015.

[59] 海南省建筑防水协会专家委员会，海南防水网 www. hnfsw. cc. 海南首届建筑防水材料新技术新工艺专题交流大会. 非固化橡胶沥青防水涂料 喷涂速凝橡胶沥青防水涂料资料汇编. 2015.

[60] 刘尚乐. 沥青防水材料基础知识[J]. 中国建筑防水材料：1985(2).

[61] 刘尚乐. 高聚物改性沥青材料[J]. 中国建筑防水材料：1985(3).

[62] 王玉芬. 非固化橡胶沥青防水涂料及复合防水技术[J]. 中国建筑学会. 中国防水技术网，防水堵漏材料及施工

技术交流会论文集，2014.

[63] 蒋勤逸. 新型防水材料—非固化橡胶沥青防水涂料[J]. 上海建材，2014(1).

[64] 杜昕. 非固化橡胶沥青防水涂料与 GFZ 高分子增强复合防水卷材复合防水体系的优势工程建设标准化[J]. 工程建设标准化，2015(11).

[65] 柏长德. 非固化橡胶沥青防水层的研究与应用[J]. 中国房地产业，2016(10).

[66] 刘金景，田凤兰，段文锋，常英，陈晓文. 非固化橡胶沥青防水涂料制备及应用[J]. 中国建筑学会施工与建材分会防水技术专业委员会，中国防水技术网，地下空间工程防水与渗漏治理技术研讨会论文集，2012.

[67] 徐锡平，周振哲，曾石田，项晓睿. 常温刮涂非固化橡胶沥青防水涂料的制备与性能研究[J]. 中国建筑防水，2015(8).

[68] 李善法，常英，李文志，刘金景，段文锋，马玉然. 黏度对非固化橡胶沥青防水涂料施工性能的影响研究[J]. 中国建筑防水，2014(20).

[69] 孙彦伟，张书言，马双. 非固化橡胶沥青防水涂料蠕变性能测试[J]. 中国建筑防水，2013(22).

[70] 徐立，王涛. SBR 在非固化橡胶沥青防水涂料中的应用[J]. 中国建筑防水，2015(10).

[71] 陈晓文，刘金景，贾建军. PBC-328 非固化橡胶沥青防水涂料在某地下室防水工程中的应用[J]. 中国建筑防水，2014(17).

[72] 韩宪杰，易斐，徐桂明. NRC 非固化橡胶沥青防水涂料在地下室顶板防水工程中的应用[J]. 中国建筑防水，2015(12).

[73] 彭波. 非固化橡胶沥青防水涂料与自粘卷材复合施工技术在地下室防水工程中的应用[J]. 天津建材，2014(2).

[74] 陈宝贵，苏怀武，牛恒. BST 非固化橡胶沥青复合防水系统在建筑防水工程中的应用[J]. 新型建筑材料，2015(10).

[75] 刘慧. 非固化橡胶沥青防水涂料防渗导排系统施工方法[J]. 建设科技，2016(08).

[76] 孟凡诚，周宇. 非固化橡胶沥青防水涂料与自粘卷材复合体系在地下防水工程中的应用[J]. 中国建筑学会施工与建材分会防水技术专业委员会，中国防水技术网，防水技术专业委员会，换届年会暨防水堵漏工程"系统"应用技术交流会论文集，2015.

[77] 李崇. 非固化橡胶沥青防水涂料施工方案[J]. 海南省建筑防水协会专家委员会，海南防水网 www.hnfsw.cc，海南首届建筑防水材料新技术新工艺专题交流大会，非固化橡胶沥青防水涂料 喷涂速凝橡胶沥青防水涂料资料汇编，2015.

[78] 褚建军，沈春林，朱志远，朱晔. 非固化橡胶沥青防水涂料及行业标准[J]. 中国建筑防水，2013(20).

[79] 褚建军，沈春林. 非固化橡胶沥青防水涂料产品研发与工程应用[J]. 新型建筑材料，2018(8).

[80] 褚建军，沈春林. 非固化橡胶沥青防水涂料产品研发与施工要点[J]. 海南省建筑防水协会专家委员会，海南防水网 www.hnfsw.cc，海南首届建筑防水材料新技术新工艺专题交流大会，非固化橡胶沥青防水涂料，喷涂速凝橡胶沥青防水涂料资料汇编，2015.

[81] 褚建军，沈春林. 非固化橡胶沥青防水涂料的生产与施工该技术[J]. 中国建筑学会施工与建材分会防水技术专业委员会、中国防水技术网 防水技术专业委员会换届年会暨防水堵漏工程"系统"应用技术交流会论文集，2015.

[82] 褚建军，沈春林. 阴离子乳化沥青及喷涂速凝橡胶沥青防水涂料[J]. 新型建筑材料，2016(10).

[83] 冯强，王俊. 对"喷涂橡胶沥青防水涂料"的新展望[S]. 防水堵漏工程"系统"应用技术交流会，2015，11.

[84] 冯强. 喷涂速凝橡胶沥青防水涂料专用乳化沥青的研制和应用[J]. 防水工程与材料《会讯》，2013，第 1 期（总 132）.

安全性更强

施工率更高

环保性更好

耐久性更佳

不加热的非固化

水性喷涂非固化橡胶沥青防水涂料

产品系列 · Product Series

- 水性喷涂非固化橡胶沥青防水涂料 · 喷涂速凝橡胶沥青防水涂料 · 节点防水密封膏 · 金属屋面高弹防水涂料
- S10 速干防水涂料 · 高弹丙烯酸防水涂料 · 聚合物水泥防水涂料 · 聚合物改性水泥基防水灰浆 · 高效快涂防水灰浆

识别二维码即刻观看
邦辉喷涂零渗漏防水
系统施工演示

免费服务热线
400-870-9666

江苏邦辉化工科技实业发展有限公司
Jiangsu Banghui Chemical Technology Co.,Ltd.
南京市玄武区长江后街6号东南大学科技园4号楼103-104室

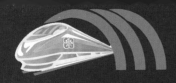

高品质防水建材解决方案供应商
非固化橡胶沥青防水涂料专用改性剂

非固化橡胶沥青防水涂料改性剂是我公司开发的一项专利技术产品。其利用路德永泰化学改性、物理界面改性、胶粉深度活化等改性机理制备而成，显著提升了非固化橡胶沥青防水涂料的各项性能。

该产品可以简化现有生产工艺，优化生产流程，降低直接材料成本15%左右，综合生产成本降低20%以上。

1. 成品的生产工艺配方如下：

（1）基础沥青升温至170℃～180℃，添加3%～8%（内掺）SBR保温搅拌至完全溶胀；

（2）添加21%～35%（内掺）路德永泰非固化橡胶沥青防水涂料专用改性剂，继续搅拌40～60min、均化；

（3）添加19%～27%石粉，保温搅拌、出料、包装。

2. 非固化橡胶沥青防水涂料性能见下表：

序号	项目		技术指标	我公司成品
1	固含量/%， 　　　≥		98	99.5
2	粘结性	干燥基面	100%内聚破坏	100%内聚破坏
		潮湿基面		
3	延伸性/mm，　　　≥		20	40
4	低温柔性		-20℃，无裂纹	-20℃，无裂纹
5	耐热性/℃		65℃不流淌	70～90℃不流淌
6	热老化，70℃168h	延伸性/mm　　　≥	20	30
		低温柔性	-20℃，无裂纹	-20～-30℃，无裂纹
7	应力松弛/%≤	无处理	35	20
		热老化（70℃，168h）		

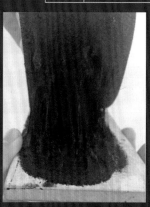

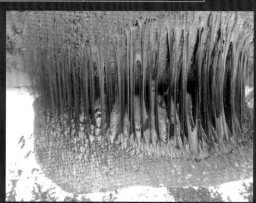

单位名称：北京路德永泰环保科技有限公司　　联系人：郎经理

地　　址：北京市顺义区马坡聚源西路26号　　手　机：13810013437

邮　　箱：langninglong@bjldyt.com　　网　址：http://www.bjldyt.com

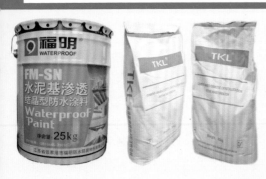

中国建材工业出版社

China Building Materials Press

我 们 提 供

图书出版　广告宣传　企业/个人定向出版　图文设计　编辑印刷　创意写作　会议培训　其他文化宣传

编 辑 部	010-88385207	邮箱　jccbs-zbs@163.com
出版咨询	010-68343948	网址　www.jccbs.com
市场销售	010-68001605	
门市销售	010-88386906	

发展出版传媒　　**服务经济建设**

传播科技进步　　**满足社会需求**